RAPPORT

GÉNÉRAL

SUR LES ÉTANGS,

FAIT au Comité d'Agriculture et des Arts, par la Commission d'Agriculture et des Arts.

L'EXÉCUTION de la loi relative au desséchement des étangs a éprouvé, dans les diverses contrées de la République, autant d'effets ou d'obstacles variés & opposés qu'on pouvoit en attendre des habitudes & de l'intérêt privé, de la variété prodigieuse des sols, & de la différence plus ou moins grande des climats, des sites & de toutes les localités. Si la commission n'avoit eu qu'à combattre des intérêts particuliers, des préjugés, ou des inconvéniens locaux, elle eût trouvé dans la loi même, les moyens de completter, cette année, son exécution. Mais s'il a été de son devoir de la faire surveiller, pour agrandir

A

le domaine de l'agriculture & multiplier nos
reffources en fubfiftances, elle a dû auffi re-
cueillir toutes les inftruftions, tous les faits qui
avoient des rapports importans avec l'agriculture, les arts, le commerce & la légiflation. Ce
foin, ce devoir plutôt, lui étoit prefcrit par les
exceptions même de la loi, par le renvoi au
comité d'agriculture, des décifions provifoires
des adminiftrations de diftrict, & par plufieurs
décrets ultérieurs d'après lefquels la convention
a ordonné un nouvel examen des réclamations
des citoyens, & des autorités conftituées, pour
ftatuer fur le tout par un décret définitif.

La commiffion a donc une double tâche à
remplir : la première, de rendre compte de ce
qui a été fait pour faire exécuter la loi du 14
frimaire de l'an deuxième.

La feconde, de tranfmettre au comité toutes
les réclamations furvenues à l'occafion de cette
exécution, l'état de fituation des étangs dans la
République ; & de propofer fes vues en faveur
de l'agriculture, fous le rapport général & particulier des étangs.

Dès le mois de ventôfe dernier, la commiffion
des fubfiftances, chargée alors de l'agriculture,
propofa au comité de falut public d'envoyer des
agens dans les départemens où il y avoir le plus

d'étangs, pour en furveiller le defféchement &
l'enfemencement; pour donner aux cultivateurs
des confeils utiles, reconnoître & indiquer à la
commiffion la nature du fol des étangs defféchés,
les modes de culture, les graines qu'il étoit le
plus avantageux d'enfemencer, enfin, pour
prendre en même-tems fur l'agriculture en général & l'économie rurale tous les renfeignemens
propres à les faire fleurir.

Le comité de falut public approuva cette
mefure, ainfi que les choix de fix agens qui
lui furent indiqués : tous étoient, ou avoient été
cultivateurs. Elle affigna à chacun les départemens où, par leurs connoiffances locales, ils
pouvoient opérer le plus grand bien. Ils furent
chargés de parcourir les départemens

de l'Ain.	de Loir & Cher.
de Rhône & Loire.	du Loiret.
de l'Isère.	de l'Yonne.
des Bouches-du-Rhône.	de l'Indre.
du Gard.	de la Creufe.
de la Nièvre.	de la Haute-Vienne.
de la Marne.	de l'Aube.
de Saône & Loire.	du Jura.
des Vofges.	de la Dordogne.
de la Mofelle.	d'Eure & Loir.
du Cher.	de la Sarthe.

de l'Orne.

de la Mayenne.

de la Loire-Inférieure.

de Seine & Marne.

de la Côte-d'Or.

de la Meurthe,

& Haute-Saône.

La Commiſſion ne ſe contenta pas de choiſir des agens actifs & inſtruits par l'expérience agricole: elle voulut encore diriger leurs opérations, d'une manière plus ſûre, par une inſtruction qui leur fît mettre de l'harmonie dans leur travail. Prévoyant qu'on pourroit faire naître des obſtacles, elle indiqua à ſes agens la conduite qu'ils devoient tenir dans ces circonſtances; elle leur recommanda ſur-tout l'exécution de la loi, la néceſſité de ne pas s'en écarter & l'obligation où ils étoient de n'exercer d'autres droits que celui de ſurveillance; d'éviter toute eſpèce de conflit avec les autorités conſtituées; de ſe borner à des obſervations, & de ne rien faire ſans l'aveu de la commiſſion. Elle les invita à prendre tous les renſeignemens utiles ſur l'agriculture de chaque pays: enfin elle entra dans les plus grands détails ſur la manière la plus avantageuſe d'opérer les deſſéchemens, ſur les effets qu'ils devoient produire dans les différens terreins & ſur les plantes qui pouvoient y croître avec plus de ſuccès.

Ces agens ont commencé leurs travaux preſque tous en même-tems, le réſultat n'en eſt pas

à beaucoup près uniforme & également fatisfai-
fant. L'un a cru faire affez pour le bien public ,
en excitant au defféchement & à l'enfemencement, les corps adminiftratifs & les citoyens. Il
s'eft contenté de leur rappeller leur refponfabilité
& l'intérêt public, de leur demander l'état des
étangs defféchés. La Commiffion l'a rappellé,
par plufieurs lettres, à l'objet de fa miffion &
aux inftructions qu'elle lui avoit données. Une
lettre , du mois brumaire dernier feulement,
apprend à la commiffion qu'il en connoît les
intentions.

Un autre, ayant à parcourir quelques départemens de l'oueft , de cette contrée où la plus
affreufe guerre a mis l'agriculture en deuil, &
enfanglanté fi fouvent le fer des charrues, a cru
qu'il étoit plus intéreffant pour la chofe publique
de déployer toute fon activité dans un premier
voyage , de fe tranfporter avec célérité d'un
département dans un autre , en répandant les
inftructions néceffaires pour accélérer & utilifer le
defféchement des étangs. Mais dans plufieurs
diftricts des départemens de la Loire-Inférieure, de
la Sarthe, de la Mayenne, les mouvemens fuccef-
fifs des armées de la République, & auxquels
les bons citoyens étoient fouvent appellés, les
marches orageufes d'ailleurs des corps armés

des brigands , le befoin enfin des fubfiftances avoient été autant d'obftacles à l'exécution de la loi relative aux étangs. Par-tout où il a pu exercer fa furveillance , il a fait deffécher les étangs, indiqué les moyens d'en tirer le meilleur parti. Il a éclairé , confolé les cultivateurs défolés par la dévaftation de la guerre. En rempliffant fa miffion , autant que les circonftances pouvoient le permettre , il s'eft attaché encore à prendre des renfeignemens fur diverfes parties de l'adminiftration publique , qu'il a tranfmis à la commiffion. Le département de la Loire-Inférieure & d'Eure & Loir font les feuls fur lefquels les états des étangs font pofitifs. Il a fait un rapport général de fes opérations , dans lequel il fe trouve des avis politiques & renfeignemens utiles.

Le troifième a parcouru plufieurs départemens du midi. Il a examiné lui-même les cantons où il y avoit le plus d'étangs. Il s'eft attaché à reconnoître les rapports qu'ils pouvoient avoir pour ou contre l'agriculture & la falubrité. De concert avec les autorités conftituées, il a provoqué avec ponctualité l'exécution de la loi. Il a indiqué aux propriétaires & aux corps adminiftratifs des améliorations. Il a tranfmis diverfes indications précieufes fur l'agriculture. Il a encore

porté fon attention fur les marais, malheureufe-
ment trop multipliés dans cette contrée. Il a
obfervé & recherché avec zèle les moyens de
parvenir à les deffécher. Il a tracé les malheurs
& les ravages qu'ils caufoient fous tous les rapports. Sa correfpondance donne des réfultats pofitifs fur la fituation des étangs. Elle pourra fournir par la fuite des matériaux utiles pour l'agriculture de cette partie de la République.

Le quatrième avoit à parcourir cinq départemens de l'intérieur. Il s'eft conformé exactement
aux inftructions qui lui avoient été données. Il a
examiné dans tous les diftricts les étangs qui,
par leur étendue, préfentoient les plus grandes
reffources, & ceux dont le defféchement avoit
excité des obftacles ou des doutes fur l'exécution
de la loi. Il a pris, de concert avec les autorités
conftituées, diverfes mefures pour les defféchemens & enfemencemens qui ont été approuvées
par la commiffion. Il adreffoit, chaque décade, le
tableau des opérations des étangs defféchés, de
ceux qui ne l'avoient pas été par des circonftances
locales, ou d'après les exceptions même de la loi. Il
a parcouru, avec la plus grande attention, toute
cette contrée malheureufe, connue fous le nom
de *Sologne*. Il ne s'eft pas attaché feulement à
la confidérer fous le rapport des étangs; il a pris

dans toutes les parties des renfeignemens fur les moyens de rendre ce vafte pays à l'agriculture. C'eft d'après fes obfervations que le comité de salut public , fur le rapport de la commiffion , a pris , au mois de prairial dernier , un arrêté pour préparer les travaux qui doivent affainir & fertilifer la ci-devant Sologne. Il n'a pu parcourir le cinquième département , celui de la Nièvre , parce que la commiffion l'a chargé d'aller dans les départemens du Cher , de la Creufe & de l'Indre , reconnoître les ravages de la grêle , y indiquer les moyens de réparer , en partie , les défaftres de ce fléau. Il a rempli l'une & l'autre miffion avec zèle. Tous les corps adminiftratifs ont juftifié par leur correfpondance l'opinion que la commiffion avoit de ce citoyen.

Les cinquième & fixième ont mis du zèle , fans doute , à remplir leur miffion. Les premiers tems de leur correfpondance promettoient des renfeignemens utiles : mais au milieu de leur miffion , ils ont cru entrevoir des dangers pour la récolte des foins. Ils font revenus dans leur domicile. La commiffion a cru , pendant plufieurs décades , qu'ils étoient en exercice , lorfqu'elle a été inftruite qu'ils l'avoient fufpendu , & que , par erreur , ils en avoient prévenu le préfident du comité d'agriculture , au lieu d'en prévenir la commiſſion. La faiſon étoit trop avancée; la commiſſion s'eſt empreſſée de leur déclarer que leur miſſion étoit finie.

Si tous les agens n'ont pas rempli leur miſſion avec le même degré d'intelligence ; ſi leur mode d'opérer n'a pas été uniforme, la commiſſion heureuſement peut ſuppléer au travail imparfait de quelques-uns d'entr'eux , & aux diverſes circonſtances des tems & des lieux qui les ont empêchés d'agir , ou connoître avec exactitude les réſultats qui leur étoient demandés. Elle a trouvé dans ſa correſpondance avec les autorités conſtituées & les citoyens pétitionnaires, dans celle ſur-tout que le comité a communiquée à la commiſſion , une longue ſérie de faits & d'obſervations qui l'ont miſe à portée de completter ſon rapport général ſur les étangs, d'après lequel le comité pourra apprécier , avec connoiſſance de cauſe & d'effets , l'opération du deſſéchement des étangs dans toute la République.

La commiſſion va rappeller & claſſer , ſelon les divers degrés d'intérêt, toutes les réclamations des corps adminiſtratifs , ſociétés populaires & citoyens. Tous les motifs ont des caractères variés , plus ou moins généraux , plus ou moins importans. Les uns ſont directement contraires aux difpofitions littérales de la loi : les autres, n'ayant pas été prévus par elle , doivent être déterminés, pour que dans un pays, la loi ne foit pas éludée & dans un autre ftrictement exécutée ; pour que les intérêts de l'agriculture , dans fes premiers élémens , ne foient pas plus long-tems expofés ou facrifiés à l'arbitraire, ou à de fauffes interprétations. Dans trente-quatre départemens, l'exécution de la loi n'a porté atteinte qu'à diverfes reffources locales que les étangs procuroient à des fermes, hameaux & à des communes.

Noms des trente-quatre départemens.

1. De la Marne.
2. De Saône & Loire.
3. Des Vofges.
4. De l'Isère.
5. Des Bouches - du - Rhône.
6. De la Vienne.
7. De la Creufe.
8. De Seine & Oife.
9. De la Mofelle.
10. Du Jura.
11. D'Eure & Loir.
12. De la Sarthe.
13. De l'Orne.
14. De la Mayenne.
15. De la Loire - Inférieure.
16. De la Côte-d'Or.
17. De la Meurthe.
18. De la Haute-Saône.
19. De l'Aifne.
20. De l'Allier.
21. Des Ardennes.
22. Du Calvados.
23. De la Charente.
24. De la Corrèze.
25. De la Haute-Marne.
26. Du Haut-Rhin.

27. De la Haute-Vienne. 31. Mayenne & Loire.
28. D'Ille & Vilaine.   32. De la Meuse.
29. D'Indre & Loire.   33. Du Puy-de-Dôme.
30. Des Landes.   34. De Seine & Oise.

Dans douze autres , d'après les réclamations des autorités conftituées , les rapports des divers agens , le fort de l'agriculture de contrées ou cantons , plus ou moins étendus , le fervice continu de ruiffeaux & rivières , pour la navigation , les ufines & les fiottages , femblent dépendre de l'exiftence d'un grand nombre d'étangs defféchés , d'après la loi.

Noms des douze Départemens.

1. Du Loiret.   7. De l'Ain.
2. De Loir & Cher.   8. De Rhône & Loire.
3. De la Nièvre.   9. De l'Indre.
4. De l'Yonne.   10. De l'Oife.
5. De la Côte-d'Or.   11. Du Cher.
6. De l'Aube.   12. De la Dordogne.

Ils étoient en effet vaftes & nombreux dans trois grandes contrées, connues ci-devant fous les noms de *Sologne, Breffe* & *Brenne.* Le defféchement ordonné y a excité les plus vives réclamations, & produit, par les mêmes caufes, des effets prefque femblables. Il eft important de les faire connoître fucceffivement, & fous les divers rapports qui font particuliers à chaque partie, afin de pouvoir enfuite apprécier, avec plus de connoiffances locales, les exceptions ou modifications que la force de l'utilité ou nécef-fité démontrées, femblent devoir faire admettre.

S O L O G N E.

[*Départemens de Loir & Cher, du Loiret & du Cher.*]

La ci-devant Sologne eft fituée entre les ri-vières du Cher & de la Loire : ce fleuve la cir-confcrit dans fa plus grande longueur, depuis Gien jufqu'à Candé, au-deffous de Blois. La furface de ce territoire, d'après diverfes cartes, peut comprendre 200 lieues quarrées ou 900,000 arpens, parce qu'il faut en déduire les riches vallées d'Olivet & de Denis, vis-à-vis Orléans. Il s'étend fur le territoire des départe-mens de Loir & Cher, du Loiret & du Cher.

Le fol, en général, n'eft qu'un fable maigre & ténu, variant de 4, 6 à 8 pouces de profon-deur. La couche inférieure n'eft, dans la plus grande partie, qu'une argille compacte & im-perméable à l'eau. Il réfulte de cet état, que, pendant l'hiver & le printems, lorfque la couche fablonneufe eft faturée d'eau, les terres doivent être humides; qu'il doit y avoir des ftagnations multipliées fur la furface plate d'un pays où les côteaux font rares, & où les plaines fans pentes fenfibles font très-communes. Une telle fituation a dû porter les habitans à former beaucoup d'étangs, foit pour deffécher des plaines, foit pour prévenir des inondations, foit enfin pour avoir des réfervoirs d'eau pendant les étés & les féchereffes. La nature du fol, le défaut de pentes, les bruyères & brouffailles, qui entourent prefque tous ces étangs, indiquent affez que la vafe ou terre végétale, formée par les débris des végétaux, doit y avoir une mince fuperficie, & qu'ils offrent peu de reffources à la culture.

Il y a néanmoins des exceptions; les étangs qui font formés à l'extrémité des plaines, dont la pente eft plus rapide, dont le fol environnant eft foumis à la culture ou couvert de bois, produifent beaucoup de rofeaux & herbes aquatiques. La décompofition annuelle de ces végétaux, jointe aux terres & débris que les eaux y entraînent, doit à la longue former une couche épaiffe de vafe, qui, travaillée par l'écobuage, & enfuite par l'incinération, peut donner de bonnes récoltes. Le nombre de ces étangs eft au plus le fixième de ceux qui exiftent. Les bras manquent pour ces fortes de travaux.

D'autres caufes encore ont porté à former des étangs. Beaucoup n'exiftent que pour abreuver les beftiaux. Ces réferves d'eau font abfolument néceffaires dans des plages de 2, 3 & 4 lieues, où il n'y a ni ruiffeaux, ni fontaines, ni rivières, & où l'aridité du fol, pendant l'été, multiplie pour les animaux les befoins de la foif.

D'autres font formés pour arrofer des prés. Cette irrigation eft effentiellement utile dans ce pays, pour former ce qu'on y appelle des *prés-hauts*. Sans irrigation, point de prés; & cependant les récoltes donnent la meilleure qualité de foin; car les prairies qu'arrofent les rivières de *Beuvron* & *Coffon* font très-marécageufes, fujettes à être rouillées par les débordemens. Les prés de plaines font abfolument néceffaires pour les beftiaux.

L'exécution de la loi fur le defféchement des étangs a excité dans cette contrée les plus vives réclamations. Au lieu de l'exécuter, on a adreffé des pétitions motivées, à la convention & au comité d'agriculture. Toutes exprimoient que le defféchement général des étangs perdoit la Sologne. Les adminiftrations de diftricts, dans le reffort defquels fe trouve cette contrée, ont réclamé dans le tems même où la loi a été rendue.

Celles d'Orléans , Beaugency , Blois , plufieurs
fociétés populaires, ont fait des repréfentations,
fondées fur l'expérience , & fur les effets mal--
heureux qui pourroient réfulter du defféchement. Celle de Romorantin , qui, par fa pofition
au centre de la ci-devant Sologne , pouvoit encore mieux apprécier les effets de l'exécution
ftricte de la loi , a adreffé , dès le mois de ventôfe de l'an deuxième , une délibération , prife
fur les pétitions & réclamations des communes
du diftrict, pour demander ou le rapport de la
loi , ou des modifications. Cette unanimité de la
part de fix adminiftrations de diftrict , de plufieurs fociétés populaires , prouve déjà que l'exécution littérale de la loi peut être funefte à ce
malheureux pays.

Ainfi écrivoient les adminiftrateurs des diftricts
de Romorantin, le 8 pluviôfe dernier , aux repréfentans compofant le comité d'agriculture :

« Nous vous avons adreffé , le 29 nivôfe , un
» mémoire , concernant le defféchement des
» étangs , dont les motifs étoient puifés dans les
» obfervations des communes les plus confidé-
» rables de ce diftrict. Depuis cette époque, nous
» en avons reçu plufieurs autres , qui nous ont
» paru mériter la même attention que les pre-
» miers. Notre avis, fur ces réclamations, eft le

» même pour toutes, & il eſt renfermé dans notre
» mémoire du 29 nivôſe.

» Nous ſommes certains, par la vérité des faits
» allégués, & par nos propres connoiſſances,
» que l'intérêt particulier de ce diſtriƈt, & celui
» même de la République, ſollicitent l'attention
» de la convention nationale, & une exception
» dans l'exécution de la loi du 14 frimaire. Vous
» en jugerez, tant par la leƈture de notre mé-
» moire que par celle des pièces que nous vous
» adreſſons à l'appui, & dont la réunion doit
» vous convaincre, 1°. de l'impoſſibilité de deſ-
» ſécher tous les étangs, au terme fixé par la
» loi. Les uns ſont encore couverts de glace ;
» d'autres proviennent d'eau de ſources, qui laiſ-
» ſeront toujours un fond marécageux, & non
» ſuſceptible de culture ; 2°. de l'inutilité d'un
» deſſéchement total. Le tiers des terres de la
» Sologne eſt en friche, & n'attend que des bras
» pour être cultivé, à beaucoup moins de frais
» que les fonds des étangs ; 3°. du tort immenſe
» que ce deſſéchement occaſionnera à l'agricul-
» ture elle-même, par l'impoſſibilité où ſeront
» les cultivateurs de nourrir des beſtiaux. Un ſeul
» étang abreuve ſouvent les beſtiaux de ſix mé-
» tairies. Otez cette reſſource, le cultivateur
» ruiné abandonnera ſes travaux, parce que

» jamais

» jamais le blé récolté, en Sologne, n'a fait la
» richeffe du fermier ni du propriétaire. Ce font
» les bois, les volailles, le poiffon, le chanvre,
» & les beftiaux fur-tout.

» Si ces obfervations font réjettées, vous por-
» terez le défefpoir dans le diftrict entier, dont
» cependant vous voulez procurer l'avantage.

» Confultez les députés vos collègues des dé-
» partemens de Loir & Cher & du Loiret, Vé-
» naille, Briffon, de la Gueule & Freffine, tous
» francs & fincères; ils vous parleront comme
» nous. *Signé*, les adminiftrateurs du diftrict de
» Romorantin, &c. »

Ainfi écrivoit encore à la commiffion, le 14
floréal, l'agent national du diftrict de Beaugency,
dans un long mémoire.

« Enlevez, difoit-il, à la Sologne fes étangs,
» vous la privez de fa reffource la plus pré-
» cieufe; vous lui enleverez fes beftiaux, fes en-
» grais, & conféquemment le peu de feigle & de
» farrafin qu'elle produit pour la nourriture de
» fes habitans ».

Les étangs de la Sologne fe divifent en deux
efpèces principales, en étangs purement fablonneux, & c'eft le plus grand nombre; ou en étangs
couverts de joncs-rofeaux, & conféquemment
d'une vafe proportionnellement épaiffe. Les pre-

B

miers ne font propres à aucune culture : les
feconds exigent des travaux longs & difpendieux.
Les racines des joncs font très-volumineufes, &
enchevêtrées les unes dans les autres. On ne
peut les ouvrir à la charrue ordinaire : il faut
abfolument, pour les foumettre à la culture,
les écobuer & incinérer. Mais la population y eft
manifeftement impuiffante pour réalifer de tels
travaux.

L'agent de la commiffion a pris des renfeignemens fur les frais de cette culture : il en coû-
teroit, pour chaque arpent, au moins 100 liv.;
ainfi, ce feroit, pour un étang de 30 arpens,
3000 liv. L'expérience apprend cependant, dans
ce pays, que le fol des étangs, ainfi travaillé,
ne peut donner que deux à trois bonnes récoltes.

Ce feroit donc exiger une opération très-difficile dans quelques cantons, & impoffible en
d'autres, par défaut de bras. Ce feroit donc
forcer les propriétaires à une dépenfe qui excé-
deroit beaucoup la valeur du fonds, employer les
bras à un travail exclufif, pour un produit incertain & paffager, en courant le rifque de né-
gliger les autres travaux des champs.

Il eft évident que, dans un tel pays, couvert
d'eau en hiver & dans les faifons pluvieufes,

les chauffées d'étangs fervent de communication entre les communes. Si on defsèche tous les étangs, il faudra rompre beaucoup de chauffées, pour completter les defféchemens des étangs inférieurs fur-tout. Ces circonftances locales y font très-communes. Il en réfulteroit donc, ou une dépenfe exceffive pour faire des ponts, ou un obftacle aux defféchemens, ou une interception dans les communications avec voitures.

Plufieurs chauffées fervent auffi de communication à des grandes routes & chemins vicinaux, très-importans pour les foires & marchés.

Les étangs y font encore plus néceffaires que dans d'autres pays, où les pâturages font abondans. Il y croît plufieurs fortes d'herbes, que les bêtes-à-cornes & les chevaux recherchent avec avidité. Cette efpèce de nourriture eft un befoin indifpenfable fur un fol qui devient aride après quelques jours de beau tems; où les beftiaux, forcés de paître la bruyère, les feuilles des bois & brouffailles, éprouvent plus fouvent la foif. La qualité de leur nourriture, réunie à la chaleur brûlante qui exifte pendant l'été au milieu de ces fables, rend l'herbage des étangs indifpenfable pour la fanté & la multiplication des beftiaux. Ils le font encore pour les abreuver, dans une contrée où, fans étangs, on feroit trois & quatre lieues avant de trouver un ruiffeau.

Il n'eft que trop vrai, fans doute, que les étangs étoient trop communs dans la ci-devant Sologne. Les propriétaires, les colons, les nobles & les moines les avoient exceffivement multi-pliés; les uns, pour échapper à la voracité du fifc royal; les autres, pour avoir abondamment une fubfiftance ordonnée par la règle de leur fecte. Mais fa ftérilité & fon infalubrité ont d'autres caufes plus réelles que celles réfultantes de la quantité des étangs.

Les citoyens, dans la plus grande partie, vivent avec du pain de blé noir, qu'ils appellent *carabin*. Ils ignorent abfolument l'art fi néceffaire à la fanté, la panification. Leur pain de feigle eft prefque auffi noir que celui de farrafin : il eft lourd & d'une digeftion difficile. Ils ne peuvent obtenir de bonnes récoltes que par un travail exceffif, dans un fol où ils ont à combattre la *féchereffe* & *l'humidité*. Cet excès de travail, réuni à la plus mauvaife nourriture, à la privation de viande, de cidre & de vin, leur caufe, à l'automne, ces fièvres lentes qui les confument & les énervent.

La ci-devant Sologne eft formée en général par des plaines applaties. Lorfque les eaux de

pluies y féjournent, pendant les chaleurs, elles
répandent dans l'air des vapeurs mal-faifantes.
C'eft par ces foyers de putréfaction, exceffivement multipliés, plutôt que par les étangs, qui
repofent en général fur un fol graveleux & fablonneux, qu'à la fin de l'été, l'air fe trouve vicié
& déforganifé; c'eft encore par le débordement
des petites rivières & ruiffeaux qu'y forment les
étangs, & quelques fources dans le voifinage
des bois. Leur lit, par-tout, eft encombré par la
vafe, & obftrué par les joncs & rofeaux. Il peut
à peine fuffire au cours ordinaire : à la moindre
crue, les eaux couvrent les prés & pâturages.
Ces inondations couvrent les herbes & arbrif-
feaux d'une rouille funefte, forment dans les
cavités des amas d'eau, qui ne fe détruifent que
par l'évaporation. Les infectes, que l'humidité &
la chaleur attirent & font éclorre, augmentent
encore la maffe de la putréfaction. C'eft par
toutes ces caufes réunies, que les malheureux
habitans de ce pays éprouvent les fièvres au-
tomnales, qui les rongent & les affoibliffent.

Enfin, ce pays eft dépeuplé. Les citoyens, en
général, y font pauvres ou malheureux. L'agriculture y eft miférable. L'induftrie rurale y eft prefque
inconnue. Des landes immenfes, des bois taillis
abandonnés, occupent plus des deux tiers du fol,

& ce qui eſt cultivé ſuffit à peine à la nourriture
de ceux qui l'habitent & le fréquentent. Un peu
de ſeigle, beaucoup de blé noir, quelques vignes
près des chefs-lieux de canton ou diſtrict, le commerce des bêtes-à-laine & du poiſſon ſont toutes
les reſſources de la ci-devant Sologne.

Elle a donc abſolument beſoin de quelques
étangs. Mais ſon amélioration ne dépend pas
ſeulement de la ſuppreſſion de ceux qui ſont
marécageux; elle dépend encore d'autres travaux
qui ne peuvent être iſolés & partiels. 1°. Les
rivières, encombrées par les vaſes & les roſeaux,
doivent être curées, & le cours des eaux rendu
plus libre.

2°. Pluſieurs moulins élèvent exceſſivement
les eaux, cauſent des ſubmerſions ou des marais.
Ils doivent être détruits ou déplacés, pour ne plus
nuire.

3°. Une police rurale publique exige que tout
propriétaire inférieur ou contigu admette ſur ſon
terrein l'écoulement des eaux venant d'un terrein
ſupérieur.

4°. Que la République ſuive le même ordre
ſur les propriétés nationales & ſur les chemins
publics que ces eaux traverſeront.

En prenant de telles meſures, l'agriculture
prendra bientôt de l'accroiſſement. Déjà, un

arrêté du comité de falut public, du mois de floréal, rendu fur le rapport de la commiffion, a ordonné des travaux préliminaires, pour rendre cette contrée à la fertilité & à la falubrité.

Le comité a fous les yeux, depuis le mois de thermidor, un fecond rapport de la commiffion, pour l'exécution de cet arrêté qui eft connu par les adminiftrations de diftrict, & a porté la joie dans l'ame de tous les habitans de Sologne, qui afpirent tous au bonheur de voir leur pays falubre, cultivé & fertile.

B R E S S E.

[Département de l'Ain.]

Une grande contrée, parfemée d'étangs, fait partie du département de l'Ain. Elle étoit connue ci-devant fous le nom de *Breffe*.

Les étangs vaftes & multipliés qui couvrent ce pays, méritent d'être obfervés avec une attention rigoureufe; car ils paroiffent être l'ouvrage, ou plutôt la conquête de l'homme fur une étendue immenfe de marais.

Parmi les neuf diftricts qui compofent le département de l'Ain, cinq feulement renferment des étangs. Il eft partagé par la nature en deux grandes divifions abfolument diftinctes l'une de l'autre.

La première, qui occupe toute la partie orientale, & qui comprend les diftricts de *Nantua*, *Belley*, *Gex* & *Rambert*, confifte en hautes montagnes fillonnées par des vallons & féparées par quelques plaines fertiles. Le noyau de ces montagnes eft ordinairement un rocher calcaire, dont la bafe eft graniteufe. [Cette partie étoit autrefois le Bugey.]

Il réfulte de cette formation de la nature, que le fol cultivé, qui participe néceffairement du détritus des rochers, eft léger, friable & perméable à l'eau. Auffi par-tout le fol le plus efcarpé y eft foumis à la culture. Les prés, les bois, les plantes céréales & légumineufes y croiffent avec la plus grande beauté. La population y eft très-nombreufe, comme en général dans tous les pays montueux. Les hommes y font robuftes, actifs & induftrieux; & quoique dans beaucoup de parties inférieures, le fol y ait affez d'adhéfion pour faire des retenues d'eau, on ne s'eft pas imaginé d'y former des étangs.

La deuxième divifion, qui occupe toute la partie occidentale qui comprend les diftricts de *Montluel*, *Châtillon*, *Pont-de-Vaux* & la plus grande partie du diftrict de *Trévoux*, eft un pays

plat, féparé des montagnes par des rivières, formant un vafte baffin dont les bords au *fud font
très-élevés*, moins à l'eft, & inclinés vers le nord-
oueft. Au milieu s'élèvent quelques côteaux plus
ou moins rapides, ou des éminences plus ou
moins prononcées, entre lefquelles coulent quelques rivières & ruiffeaux.

La topographie de ce pays eft réellement extraor-
dinaire. Elle peut beaucoup fervir à faire apprécier
les effets de la loi fur le defféchement des étangs.

Quoique, de toutes parts, le continent s'abaiffe
vers la Méditerranée, ainfi que l'indique bien
dans cette partie le cours de la Saône, & ceux
plus rapides encore du Rhône & de l'Ain qui
coulent du *nord* au *fud*, cependant à l'extrémité
de ce baffin, du côté du fud, à quelques milles
de l'Ain, à deux du Rhône qui la circonfcrit de
ce même côté, les ruiffeaux & rivières qui bai-
gnent le pays, *ont tous leur fource au fud, & leur
pente vers le nord*. Les principales rivières vont
fe jetter enfuite dans la Saône.

Ainfi la *Reyffoufe*, qui prend fa fource au
fud, près de l'Ain, détermine fon cours vers le
nord, dans un fens oppofé à celui de la Saône,
traverfe les diftricts de Bourg & Pont-de-Vaux,
& va fe jetter dans la Saône, au-deffus de la
commune de Pont-de-Vaux, quoiqu'il y ait une

différence de plus de vingt lieues entre le point parallèle de fa fource & celui de la Saône.

Ainfi encore, la rivière de *Veyle* parcourt du fud au nord les diftricts de Montluel & Châtillon: celle de *Chalaronne*, dans la même direction, les diftricts de Châtillon & de Trévoux, vont affluer dans la Saône, dans des points plus ou moins rapprochés de fon confluent avec le Rhône.

On doit penfer que dans un tel pays, dont toutes les eaux, excepté celles qui peuvent être fur le revers du baffin, fe dirigent du fud au nord, pour venir enfuite couler vers le fud, dont le fol à la furface n'a que 3, 4 à 5 pouces de terre végétale, & dont la couche inférieure eft par-tout une argille compacte & imperméable à l'eau, ne doit avoir que très-peu de fources, qu'une pente foiblement prononcée, & que, conféquemment, les marais, les amas d'eau doivent y avoir été vaftes & multipliés.

Tel étoit dans les tems réculés l'état de la ci-devant Breffe, trop connue encore par fon infalubrité & fes étangs. L'hiftoire du pays & des actes anciens prouvent qu'on appelloit *étangs* en Breffe, ce qui n'étoit réellement que des marais. Vitruve l'appelloit *une contrée miférable, où les eaux marécageufes occafionnent le goître.*

Le défir fi naturel à l'homme de fuir la fer-
vitude, d'échapper aux profcriptions des tyrans
d'Italie, & de fe créer une propriété dans un
pays prefque inacceffible, dont la pofition éloi-
gnoit tous les oppreffeurs, y a appellé & fixé
fucceffivement des hommes d'Italie, de Savoye
& du Bugey. Quelque part qu'ils fe foient fixés,
ils fe font convaincus que leurs premiers travaux
devoient fe diriger contre les ftagnations & les
inondations. Les progrès & les fuccès dans des
defféchemens partiels les ont dû porter à fe dé-
livrer de ces vaftes marais & à affainir le fol.
L'expérience commune les a déterminés à former
des digues pour contenir les eaux éparfes, &
accumuler en plus grand volume celles qui fta-
gnoient fur des fonds bas & fangeux. Par-tout
on a fenti le befoin impérieux de maîtrifer les
eaux, & de les forcer d'être utiles à l'agriculture
& aux ufines.

Dans les parties baffes, marécageufes, indefféchables, que les eaux ne couvroient que fu-
perficiellement & alternativement, on a reconnu
que pour les rendre moins peftilentielles, il falloit les couvrir de plufieurs pieds d'eau, & fur-
tout diminuer fur les bords les retraites précipi-
tées. On a donc conftruit des chauffées avec
des bondes & des déverfoirs à une ou aux deux

extrémités des chauffées , pour verfer le trop
plein ou arrofer les prés qui devoient fe trouver
communs au‑deffous de ces vaftes retenues.

En d'autres endroits , l'expérience acquife par
de longues féchereffes dans un pays qui ne jouif‑
foit des eaux que par les pluies , a fait recon‑
noître le befoin d'en réferver en grande maffe , non‑
feulement pour leur donner plus de mouvement
dans leur cours & y fervir aux irrigations , mais
encore pour fournir , en tout tems & fans défordre ,
les ruiffeaux & les rivières fervant à des ufines.

Indépendamment de ces vaftes réfervoirs , on
a dû encore pratiquer des étangs plus ou moins
grands , & les multiplier en raifon même des
habitations , fur un pays fillonné par des ravins
& alternativement plat & bombé ; parce qu'outre
les épanchemens funeftes que les étangs préve‑
noient , ils étoient en outre néceffaires pour les
irrigations , abreuver les beftiaux , rouir les chan‑
vres & fuppléer , pour tous les ufages domefti‑
ques , à la difette des eaux de fources.

Tant de digues , tant de chauffées , tant de
retenues , ne fe font élevées fucceffivement fur
un fol auffi difgracié par la nature , que parce
que , chaque année , à mefure que la culture
faifoit des progrès , les inondations ravageoient
les récoltes , en laiffant après elles des milliers

de petits marais ou amas d'eau, dont l'évapora‑
tion vicioit l'air & dont la rouille empeftoit les
fourrages.

Tels furent les immenfes travaux des antiques
Breffans, dont le génie & l'induftrie méritent d'occu‑
per une place glorieufe dans l'hiftoire des peuples
agricoles : car ils ont fait, avec plus de difficultés
peut-être, ce que les Bataves n'ont fait qu'après
eux dans les marais de la Hollande & de la
Zélande.

Ils jouiffoient paifiblement de leurs travaux,
lorfque, pour le malheur du genre humain, fe
formèrent & fe multiplièrent dans l'Italie, la
Savoie & les contrées méridionales, des fectes
monaftiques dont la manie & la croyance n'étoient
pas feulement de faire maigre entre elles, mais
encore de l'ordonner pendant une grande partie
de l'année, à tous ceux qu'ils appelloient leurs
fidèles. Ainfi fut fondée, près de la Breffe, la
fameufe abbaye de Clugny, où on comptoit,
dans les tems de fa fplendeur chrétienne, jufqu'à
1500 moines.

C'eft de ces funeftes époques que commencè‑
rent les abus fur le trop grand nombre d'étangs.
Les moines, les prêtres, les nobles, les riches
conftruifoient & faifoient conftruire par-tout des
étangs. Le revenu & le débit étoient fûrs ; les pre‑

priétaires fuivoient eux-mêmes cette impulfion.

Colbert, qui auroit fait prendre à la France le premier rang parmi toutes les nations agricoles, s'il eût autant favorifé l'agriculture que le commerce, s'il eût donné à la culture du blé, à l'amélioration des laines tous les millions qu'il fit donner à la culture des mûriers & aux fabriques de foie & coton, porta un coup mortel à la culture de la Breffe, en défendant toute exportation de grains. Les cultivateurs qui ne retiroient de produits que par la culture de leur terre, fe trouvèrent obfédés par les entraves les plus tyranniques.

Ce fut alors que la Breffe, qui ne pouvoit plus rapporter fur fon fol les fommes qu'elle retiroit annuellement des pays méridionaux ou du commerce, qui ne put plus foutenir au même degré une culture pénible, dont les frais abforboient le produit, borna la culture des grains à fes propres befoins, & éprouva bientôt après une grande émigration. Les Breffans abandonnèrent la charrue, pour aller travailler la foie dans les fabriques de Lyon. Il n'y refta que ceux qui ne purent vaincre l'amour de leur pays natal, ou le fentiment de conferver & tranfmettre à leurs enfans une propriété foncière.

C'eft dans ces tems fur-tout que les habitans

qui reſtèrent en Breſſe, que ceux qui émigrè-
rent à Lyon, ou préférèrent de ſe retirer ſur
les bords fertiles & ſalubres de l'Ain & de la
Saône, multiplièrent à l'excès les étangs. Il n'eſt
pas indifférent d'en faire obſerver toutes les cauſes.

Les étangs étoient déjà d'un grand produit
par l'effet de la rigoureuſe obſervance des nom-
breuſes colonies de cénobites, & par tous les
jeûnes & carêmes ordonnés dans la ſociété chrétienne. Ceux de la Breſſe ſur-tout devoient être
plus conſidérables encore, par les débouchés
qu'offroit une ville auſſi populeuſe que Lyon, &
par la navigation de la Saône & du Rhône.
Les terres à blé ne rapportoient aucun produit
net. Les prêtres, les moines, les nobles, le fiſc
exerçoient leurs brigandages reſpectifs ſur tout
ce qui n'étoit pas étangs. La néceſſité locale
faiſoit ſeule mouvoir les charrues. Les fourrages
peu abondans, trop généralement aigres & mal-
ſains, ne laiſſoient que peu de moyens d'engraiſſer
des beſtiaux. Les riches, les moines, les colons
ont tous dirigé leur induſtrie à faire des étangs.
Cette multiplicité mème a été regardée par la
ſuite comme un moyen certain de l'amélioration
du ſol.

Soit que les cultivateurs ſe ſoient convaincus
que le ſol des côteaux ou des éminences ne pou-

voit fuffire à une culture continue , & qu'il
avoit befoin d'un repos périodique , foit qu'on
ait obfervé que les pluies délayant trop facilement les molécules de la terre , les forçoient de
defcendre du fommet des fillons , ordinairement
très-élevés , pour fe préferver des ftagnations , que
la terre végétale garnie d'engrais , la plus fertile ,
comme la plus expofée à l'air atmofphérique ,
étoit entraînée par les pentes dans les étangs où
elle étoit également favorable à la culture des
grains & aux poiffons ; foit enfin que la population ait augmenté & néceffité une plus grande
culture , on a introduit l'ufage de cultiver &
couvrir d'eau alternativement tous les étangs
qui en étoient fufceptibles. L'intérêt à fanctionné
cet ufage. Tous les colons & propriétaires ont
vu que la terre , d'ailleurs couverte d'une mince
couche végétale , ne donnoit que des produits
foibles & fouvent incertains , après beaucoup de
dépenfes & *cinq labours* : ils ont vu que les grands
froids , comme les longues pluies , attaquoient
ou détruifoient fouvent les récoltes des blés d'hiver,
tandis que les étangs cultivés , fans engrais , avec
un feul labour , fans crainte des gelées , donnoient les plus belles récoltes. Ils ont donc encore
multiplié les étangs. Ils font même devenus un
objet de fpéculation , tant de la part des riches

que

que des cultivateurs & des amodiateurs. Les premiers fournissoient les fonds nécessaires pour faire
des chauffées, sous la condition qu'ils jouiroient
de l'étang en eau pendant deux à trois ans, &
que, pendant l'année immédiate après la pêche,
le propriétaire du fonds auroit le droit de le cultiver
à son profit. Cet usage est devenu une sorte de
droit coutumier, transmissible, comme toute
propriété foncière, dans les transactions entre les
citoyens.

Telles sont les causes réunies de tous les
étangs de la ci-devant Bresse, dans lesquelles
la légiflation, le commerce & l'industrie rurale
peuvent trouver des faits précieux pour l'avenir.
Le nombre des étangs cependant a dû proportionnellement diminuer par les causes mêmes qui
les avoient fait multiplier, à mesure que le flam-
beau de la philosophie, en éclairant les hommes,
a fait disparoître l'imposture & le fanatisme.
Pendant ces luttes glorieuses qui ont préparé
l'infurrection de la nation françaife contre le def-
potifme, l'ancien gouvernement faifoit quelques
actes favorables à la liberté du commerce des
grains & à l'agriculture. Les caftes cénobitiques
& les prêtres s'anéantiffoient, le poiffon devenant
moins néceffaire par fuite de ces effets politiques,

C

la culture des terres reprenoit fon empire & fon niveau. Tous les propriétaires qui ont entendu leur intérêt, ont fucceffivement deffeché & *mis en prés* les étangs qui en étoient fufceptibles.

La loi du 14 frimaire a fait dans ce pays une forte de révolution agricole qu'il importe beaucoup de connoître & de bien apprécier, afin que l'agriculture n'y éprouve pas des effets qui pourroient lui être funeftes, afin d'y éclairer promptement les cultivateurs fur leur véritable intérêt, & y établir le cours ordinaire de la culture & de l'induftrie.

Prefque toutes les communes des diftriéts de Montluel, de Châtillon & des parties limitrophes des diftriéts de Bourg & Pont-de-Vaux, ont adreffé des réclamations aux adminiftrations de diftriét, qui les ont tranfmifes au comité d'agriculture. La commiffion fe bornera à ne rappeller dans ce moment que celles qui font particulières à cette contrée.

D'après la connoiffance du fol, d'après fa pofition topographique, prefque toutes les eaux font éventuelles, dans la baffe Breffe fur-tout, où on ne rençontre point de fources. Les eaux qui y circulent ne font que le produit des pluies. Auffi, eft-elle expofée à des crues fubites qui inondent les bas-fonds, ou au defféchement des

ruiffeaux que les étangs alimentent. Le retour périodique de l'hiver & de l'été ramène fouvent
ces deux excès. La nature du fol & l'expérience
y ont fait former des étangs , pour préferver
cette partie de ces deux fléaux.

Pendant les tems de féchereffes, ils retiennent
les eaux de pluies que le cultivateur enfuite dif-
tribue felon fes befoins. Pendant les faifons pluvieufes , après lefquelles il furvient des crues ,
ces étangs encore retiennent & modèrent le
cours des eaux qui , fans eux , feroit défaftreux
& renverferoit tous les moulins.

Les crues fubites & fréquentes doivent en effet
être très-communes dans un pays où la terre ne
peut abforber qu'une très-petite quantité d'eau ;
où le lit des ruiffeaux & rivières qui fe forme
par le cours ordinaire des eaux , doit être infuffifant. Cette confidération eft de la plus haute impor-
tance pour la confervation *des prairies.* Celles-ci
occupent deux terreins différens. Les unes font
dans les bas-fonds & fur les rives des rivières :
le fol en eft perpéiuellement humide & fouvent
inondé. Les plantes marécageufes feules, peuvent
réfifter à ce bain continuel. Le fourrage en eft
aigre & profite moins aux beftiaux que la paille
que ceux-ci de leur côté préfèrent.

Les autres font fur les éminences où on à pu
faire dériver les eaux d'étangs. *Sans irrigations ,
la récolte eft abfolument nulle* , parce que n'ayant
que quelques pouces de terre végétale , & ne
pouvant recevoir de l'intérieur cette humidité
falutaire qui donne la vie & la force végétative
aux plantes des fonds profonds , les herbes , après
quelques jours de beau tems ; languiroient &
deffécheroient. L'irrigation eft donc abfolument
néceffaire pour conferver les meilleures prairies
de la Breffe , & defquelles dépendent évidemment
l'exiftence des animaux de travail & les moyens
d'y faire des élèves.

Toutes les rivières étant formées par la réferve
des eaux pluviales dans les étangs , elles ont dû
éprouver , dès cette année même , une diminution ou altération proportionnée au nombre des
étangs confervés.

Les moulins à blés & d'autres ufines font très-
multipliés fur le cours de la rivière.

La petite rivière de Sereine , d'après un procès-
verbal d'experts , nommés par le diftrict de
Montluel , n'eft entretenue que par des étangs
qui font dénommés. « Cette rivière , difent-ils ,
» fait mouvoir , le long de fon cours , douze
» moulins à farine, huit foulons pour le chanvre
» & autres artifices pour une manufacture confi-

» dérable d'indienne établie à Montluel, & fert
» après, à arrofer environ deux mille bicherées
» d'excellentes prairies. Quoiqu'elle ne tariffe
» jamais, cependant il eft notoire que fi tous les
» étangs qui l'entretiennent font fupprimés, il
» en réfultera une grande diminution d'eau qui,
» dans certains tems de l'année, expoferoit les
» artifices fitués le long de fon cours à ne plus
» mouvoir. Un exemple récent, continuent-ils,
» qui vient de fe paffer fous nos yeux, doit ré-
» veiller l'attention à cet égard. Il eft à la con-
» noiffance de tout Montluel & de fes environs,
» que fi pendant le fiège de Lyon l'on n'avoit
» pas eu des étangs pour fournir de l'eau à la
» rivière *Sereine*, les moulins n'auroient pas fourni
» les farines néceffaires à l'armée ». Ils citent
encore les rivières de *Dagneux*, de *Longevant*,
de *Taizon*, de *Chatenay*. Toutes font alimentées
par les étangs, font abfolument utiles à un très-
grand nombre d'ufines & à l'irrigation des prairies.

Il eft important d'obferver que ces mêmes
experts ont défigné les étangs qu'ils ont cru néceffaires, & ceux qu'il faudra défigner encore
pour l'année prochaine. (Le nombre s'élève à
139 étangs réfervés pour le feul diftrict de Montluel). Leur témoignage n'eft pas équivoque fur
la néceffité de conferver beaucoup d'étangs.

C 3

« Nous vous faifons obferver, difent les offi-
» ciers municipaux de la Péroufe, que les mou-
» lins à farine établis à Villars, Châtillon, Touffey
» & dans d'autres villages riverains, font deffervis
» par la rivière de Chalaronne, que cette rivière
» ne s'alimente que par les eaux d'une grande
» quantité d'étangs fupérieurs auxquels elle fert
» de vidange, & qui, s'écoulant graduellement,
» entretiennent conftamment dans fon lit un
» affez grand volume d'eau. Supprimez abfolu-
» ment nos étangs, nos moulins cefferont d'exifter
» avec eux. La rivière de Chalaronne pourra
» former de tems à autre un torrent impétueux
» & dévaftateur. Mais lorfque les pluies d'hiver
» ne lui fourniront plus d'aliment, les habitans
» de ces contrées feront obligés d'aller moudre
» leurs grains à cinq & fix lieues de leur foyer.
» En hiver, nos chemins font impraticables. En
» été, les travaux de nos champs exigent tous
» nos foins. Dans tous les tems, nos journaliers,
» qui n'ont point de bétail pour faire des charrois,
» fe verroient expofés à manquer de fubfiftances.
» En vain, continuent-ils, chercheroit-on à
» remplacer nos moulins à eau par des moulins
» à vent qui exiftent dans d'autres pays......
» Nous ne répondons que par un fait, que les
» moulins à vent n'ont jamais pu réuffir dans nos

» campagnes. De vieilles ruines atteſtent encore
» l'inutilité des tentatives de nos pères. Un exemple
» récent a prouvé de nos jours que le talent &
» l'emploi des moyens les plus coûteux n'avoient
» pu les faire réuſſir ».

On ne doit pas s'étonner de ces tentatives
infructueuſes dans un pays entouré de montagnes
au nord & à l'eſt, & qui eſt en général plat &
ſillonné par des vallons de peu d'étendue.

C'eſt encore une vérité démontrée par la nature du ſol, que les puits, en général, dans les
campagnes ne ſont alimentés que par l'infiltra-
tion des eaux retenues dans les étangs. L'expérience des tems paſſés a fait connoître qu'ils ſe deſ-
ſécloient en même tems que les étangs. Il n'y reſte
qu'une eau bourbeuſe & mal-faiſante qui donne
ou continue les maladies. Ces effets ont été ſenſibles, cette année même, dans le canton de
Villars. Ils ſont de nature à mériter la plus
grande conſidération.

Le diſtrict de Trévoux auſſi a cru devoir prendre
un arrêté pour la conſervation de 142 étangs.
Il ne l'a pris qu'après un rapport de commiſſaires & les réclamations de toutes les communes.
Il a jugé cet arrêté proviſoire abſolument utile
à ſon pays. Il en a référé au comité d'agriculture & à l'agent de la commiſſion, lors de ſon

C 4

féjour. « Toutes ces communes, dit-il, contien-
» nent environ vingt-huit lieues de fuperficie ,
» n'ayant pas un feul filet d'eau vive », Du refte
ils ont inftruit & prefcrit aux communes l'enfemencement de ceux qui ont été defféchés.

Les cultivateurs ne regrettent pas les étangs,
feulement pour les irrigations & abreuvages de
beftiaux, mais encore pour le pâturage. Il croît
fur les eaux une efpèce de gramen, connu dans
le pays fous le nom de *brouille* : c'eft la fétuque
flottante , *feftuca fluitans* de Linné.' Tous les
beftiaux la paiffent avec plaifir , & vont la cher-
cher dans l'eau. Les chevaux en font avides lorfqu'elle eft en graine. Il y croît encore plufieurs
autres herbes, que les beftiaux appètent beaucoup. C'eft un fait vrai, que les beftiaux , dans la
Breffe, paiffent, pendant touté la belle faifon,
dans les étangs. Si on lés en prive tout-à-coup ,
par un defféchement général ; fi le cultivateur
n'a pas le tems fuffifant pour réparer par fon
induftrie ce pacage, que les étangs lui fourniffoient, il en réfultera une exceffive réduction ,
dont les fuites auroient une funefte influence fur
l'agriculture de ce pays,

Le droit d'*évolage* , ou de mettre en culture
le fol d'un étang, qui , en eau, appartient à un
autre citoyen , excite & caufe les réclamations

les plus importantes : ce droit, que la loi du
14 frimaire n'a pas prévu, mérite d'être examiné, & foumis enfuite à la convention. Il n'intéreffe pas feulement fous le rapport de l'agriculture, mais encore fous celui de la légiflation,
puifque, dans cette contrée, ce droit eft devenu
commun & coutumier.

Depuis un tems immémorial, l'expérience a
fait connoître que le féjour des eaux ftagnantes,
l'affluence de celles des côteaux ou terreins plus
élevés, qui charioient des terres & des débris
de végétaux, amélioroient & renouvelloient le
fol des étangs. Le laboureur, tous les trois ans,
fur le plus grand nombre, femoit de l'avoine,
& dans les meilleurs fonds, des blés. A l'aide
d'un feul labour, fans autre main-d'œuvre, fans
engrais, fans crainte de gelées, il faifoit d'abondantes récoltes, qui lui fourniffoient dix fois plus
de grains & de paille que d'autres terres fur une
égale étendue donnée. Les étangs, après cette
culture, n'en étoient que plus poiffonneux. L'intérêt de tous fe trouvoit dans le droit d'évolage.
On ne peut nier, en effet, que cette méthode,
fondée d'ailleurs fur une expérience généralement reçue, n'ait toute la réalité des avantages
qu'on y attache. Il feroit poffible, peut-être, de
les compenfer par une culture mieux entendue

& appropriée au fol : mais ce qu'il importe de bien obferver en ce moment, c'eſt que depuis des fiècles, l'agriculture & l'induſtrie font dirigées d'après cette pratique. Il y auroit de grands inconvéniens à changer cet état de chofes, avant que l'habitant des campagnes fût plus éclairé, pour faire le facrifice de fes ufages ou de fes avantages. Il importe beaucoup d'en bien calculer la réaction fur l'agriculture, les propriétés privées, & les réfultats pour la chofe publique.

Le droit indivis d'étangs en eau & en culture, a été tranfmis comme propriété foncière, dans les contrats de mariage & de partage, & dans toutes les tranfactions.

La République même *a vendu*, comme propriété nationale, ces droits, dans l'année où la loi a été rendue ; les adjudicataires demandent à jouir, ou la réfiliation des adjudications. L'agriculture, la légiſlation, le maintien des intérêts dans les familles, l'héfitation fur tous ces points dans une vaſte contrée, exigent abfolument une décifion pofitive.

Tous les avantages attribués aux étangs doivent difparoître contre l'infalubrité de l'air qu'on leur attribue : c'eſt un des motifs les plus importans qui ont déterminé la loi du 14 frimaire.

Les états de population n'annoncent que trop

que cette contrée eſt peu habitée. On y parcourt de vaſtes plaines ſans rencontrer des hameaux ou des chaumières. Les habitations en général, les chefs-lieux de communes, occupent des ſites élevés : les parties inférieures des baſſins, à l'embouchure des rivières, ſont plus peuplées ; les maiſons y ſont plus communes que dans l'intérieur.

Quoique là population ſoit beaucoup moindre dans la Baſſe-Breſſe que dans la Haute, & dans les parties du ci-devànt Bugey, la tradition des pays & des dénombremens faits, atteſtent que, depuis quarante ans ſur-tout, la population a augmenté d'un dixième. La commune de Pérouſe affirme que, depuis 1744, le nombre des beſtiaux a triplé dans toutes les fermes, que l'éducation des chevaux, ſur-tout, a fait des progrès ſenſibles depuis environ cinquante ans. Les regiſtres de ſépulture, d'un autre côté, comparés à ceux des naiſſances, ſemblent démentir ces faits. Cette dernière différence eſt attribuée à l'affluence des étrangers dans les tems de moiſſons, qui, ſortant d'un climat ſain & oppoſé en température, prenant auſſi moins de précautions, par l'idée de leur bonne conſtitution, ſont attaqués par les maladies locales, avec plus de force que les domiciliés.

La commiffion n'a pas fur ces faits des don‑
nées affez précifes pour juger de la réalité des
uns & des autres. Il paroît au moins réfulter de
ces affertions contraires, que la population n'y a
pas été plus confidérable.

Les caufes de l'infalubrité, & par une fuite
néceffaire, celles de la population, tiennent auffi
à plufieurs caufes particulières, à la nature d'un
fol ingrat & ftérile, fur lequel il eft fi difficile
de cultiver les légumes farineux & à plantes pi‑
votantes, parce qu'on ne peut donner du
fond à la terre qu'avec beaucoup de frais & de
travaux, fur lequel on ne cultive ni vigne, ni
arbres à fruits qui fourniffent des boiffons aci‑
dulées. Elles tiennent encore à la préférence bien
évidente que les citoyens ont donnée au féjour
d'une grande ville, qui offroit des reffources,
des jouiffances & des moyens de richeffes, &,
par-deffus tout, un air pur & falubre; à la ty‑
rannie du régime féodal & facerdotal, enfin, à
l'incurie criminelle de l'ancien gouvernement,
qui ne fongeoit à ce malheureux pays que pour
'opprimer par des exactions fifcales.

Il importe de faire connoître un fait qui peut
diriger par la fuite, pour rendre ce pays plus
fertile & plus falubre. En 1512, les Breffans
creusèrent un canal profond pour faire écou‑

ler les eaux du *marais des Echets* , dans là
Saône. Le plus grand fuccès couronna cet ouvrage mémorable ; le lac devint , fuivant l'ex-
preffion d'auteurs contemporains , « une grande
» prairie , & de belle étendue. On y bâtit une
» maifon avec foffés , & plufieurs parties de fon
» emplacement furent albergées à plufieurs parti-
» culiers ».

Les guerres civilés , entreprifes par les paffions
ou l'intérêt des papes & des rois , empêchèrent
d'entretenir ce précieux canal. Les terres s'affaif-
sèrent, les canaux s'encombrèrent ; & aujourd'hui
encore , à la place de cette prairie fertile , gît un
vafte marais contagieux.

Son exiftence a trop de rapport avec les étangs,
& toutes les influences qu'on leur attribue ,
pour n'en pas donner la defcription fommaire. Il
eft le plus cruel ennemi de cette malheureufe
contrée. Déjà la commiffion s'eft occupée des
moyens de l'anéantir.

Ce marais ou lac des Echets eft fitué à l'extrémité méridionale des diftriéts de Montluel & de
Trévoux , à une demi-lieue de la Saône , à trois
quarts du Rhône, & à deux lieues de Lyon. Il
couvre une furface de plus de trois mille arpens.

Avant les travaux de 1512 , il étoit très-pro-
fond ; il n'étoit pas plus nuifible que celui de

Nantua. Mais, depuis cette époque, les eaux ont
occupé une plus grande furface, & par-là même
font devenues marécageufes. Quelques lifières
de cet immenfe marais font encore en prairies :
mais le fourrage eft de la plus mauvaife
qualité.

Les habitans de dix communes au moins,
fituées autour de ce cloaque, traînent une vie
languiffante, font accablés d'infirmités, très-fujets
aux obftructions & à l'hydropifie, & dévorés par
la fièvre, les trois quarts de l'année. Leur exiftence fe termine ordinairement à une époque
où ceux qui habitent les bords de la Saône font
encore dans la force de l'âge. Les vieillards y
ont au plus 50 ans.

Il exifte encore dans la Baffe-Breffe fur-tout,
une immenfité *de prairies marécageufes*, qui ne
fe defsèchent pas, même dans les plus fortes
chaleurs, & deffus lefquelles s'élèvent perpé-
tuellement des brouillards. C'eft *fur-tout* à elles
qu'on doit attribuer les principales caufes de l'infalubrité. Elles font telles, parce que le lit des
rivières n'eft pas proportionné à l'affluence éven-
tuelle des eaux qui, en s'épanchant, forment des
petites mares, & ne favorifent ainfi que la végétation des plantes aquatiques : ce qui arrive plufieurs fois dans l'année, foit après les pluies, foit

pendant les pêches des étangs. Elles font telles, parce que les meûniers, par-tout avides, élèvent le niveau des eaux beaucoup au-deſſus & au loin dans ces prairies. Elles font telles, parce qu'il n'exiſte aucune police publique pour le creuſement des rivières & des rigoles, & ſur les époques de pêcher les étangs. Les inondations fréquentes qui ravagent ces baſſes prairies, chaque année, font une preuve de ce triſte état de choſes.

Les marais, les prairies marécageuſes, les étangs marécageux, font donc les cauſes les plus réelles de l'inſalubrité de la ci-devant Breſſe.

Après avoir fait connoître la ſituation phyſique & agronomique de ce pays, on reſte bien convaincu que la loi du 14 frimaire, exécutée à la rigueur, perdroit en effet ce malheureux pays. Par ſon organiſation continentale, il fait exception à toutes les autres contrées de la République, même à celle de Sologne.

Il réſulte de cette deſcription, que ce pays, pour être cultivé & habité, a beſoin d'eaux *réſervées*, puiſque la nature lui en a refuſé de *vives* : que la pluie & les rivières en général font le réſultat de l'écoulement des eaux d'étangs, des filtrations du ſol ſaturé & des marais : que ſans ces eaux réſervées, les meilleurs prés, les

prairies de bas-fonds même, difparoîtroient &
avec eux les beftiaux, les engrais & la population;
que les inondations fréquantes ravageroient infailliblement les contrées baffes qui font les plus
peuplées & les plus fertiles, telles que les environs de Bourg, Pont-de-Vaux, & les rives de la
Saône.

Il réfulte encore de cet état de chofes, que la
culture, foit par préjugé, foit par une expérience raifonnée, a dirigé fes reffources fur le
fol des étangs, périodiquement couverts d'eau &
cultivés; qu'on ne peut, fans opérer une difette
fâcheufe, intervertir brufquement un ufage auffi
général, & duquel dépend l'exploitation des
terres. Les étangs dans la Breffe, font donc tout à
la fois la caufe & l'effet de la culture qui y exifte.
Le fonds cultivé donne abondamment des grains,
des pailles pour former des engrais pour les autres
terres. Le produit net comparé avec celui des
autres terres eft dans la proportion de 12 à 3.

En defféchant tous les étangs, le fonds offri-
roit fans doute pendant les premières années
des récoltes ; mais, privé du dépôt vafeux qui
s'y forme, il deviendroit bientôt ce que font les
autres terres.

Les propriétaires, les colons n'ayant plus d'intérêt

térêt à creufer les vidanges, laifferoient malgré eux fe former des marais, là où il feroit poffible de n'avoir qu'une maffe d'eau non mal-faifante.

Il n'eft pas indifférent de faire connoître que toutes les avoines qui approvifionnent ordinairement les départemens méridionaux, viennent de la Breffe, où elles croiffent avec une abondance prodigieufe fur le fol des étangs defféchés & rénouvellés par les eaux.

Le fort des récoltes fur les terres non inondées eft réellement incertain. Les terres ayant peu de pente & d'épaiffeur, on eft obligé de former des fillons hauts & étroits. S'il furvient des pluies après les femailles, avant que la terre ait pris dans cet état de la confiftance, avant que les racines du blé aient lié & fixé autour d'elles la terre qui les couvre, le deffus s'échappe dans la raie & dégarnit le blé qui fouvent jaunit & languit, & fouvent encore eft plutôt atteint par les gelées & détruit fans retour.

Il s'en faut de beaucoup cependant que l'agriculture & la falubrité, fources premières du bonheur & de la profpérité, foient au meilleur degré poffible dans la ci-devant Breffe. Les étangs y ont été multipliés à l'excès, parce que des propriétaires externes, n'écoutant que leur cupidité, ont formé des étangs dont ils retiroient tout

D

le produit, fans avoir à craindre l'influence de
leurs émanations. D'autres ont trouvé plus d'intérêt à couvrir d'eau leur terrein, quoique
propre d'ailleurs à la culture des blés, & même
à former des prés, afin d'échapper plus sûrement
à la rapacité du fifc & à la dîme des prêtres.

Il eft poffible, il eft même facile de concilier
les intérêts de l'agriculture avec la falubrité de
l'air, en modifiant la loi du 14 frimaire. Il faut,
pour y parvenir, 1°. faire reconnoître, dans chaque canton, par des hommes probes & éclairés,
les étangs qui font mal-faifans par leur état plus ou
moins marécageux; 2°. défigner ceux qu'on peut,
fans inconvéniens, alterner en eau & en culture;
3°. facrifier ceux qui feroient marécageux, quand
même ils ferviroient immédiatement à une ufine;
4°. réferver préférablement ceux qui repofent
fur un fol fablonneux ou pierreux, dégarni
d'herbes aquatiques, & dont le volume d'eau
donne moins de prife à l'évaporation; 5°. établir
une police rigoureufe fur le curement de toute
décharge des étangs, foit aux déverfoirs, foit aux
empellemens : forcer tous les propriétaires inférieurs d'ouvrir une iffue aux eaux affluentes,
jufqu'aux ruiffeaux, rivières ou étangs; 6°. cir-
confcrire tous ceux qui feront abfolument néceffaires, fur lefquels les herbages croîtroient avec

plus d'abondance, avec un léger foffé en aval,
dont l'objet feroit de maintenir les eaux en plus
grande profondeur, & rendre ainfi les bords moins
chargés de débris, de frai, de vafe, fufceptibles
de putréfaction ; 7°. ce feroit encore de faire
fauter tous ces moulins, conftruits par la puif-
fance féodale & facerdotale, pour lefquels des
meûniers avides ont élevé les eaux à plufieurs
pieds au-deffus du niveau des terres ; 8°. d'y indiquer la forme des moulins qui dépenfent moins
d'eau ; 9°. d'affujettir tous les propriétaires des
prairies marécageufes à pratiquer, de diftance en
diftance, des foffés tranfverfaux, mais obliques ;
10°. de prefcrire, par un règlement févère, les
époques des pêches d'étangs, pour prévenir les
effets des débordemens & émanations vafeufes.

Ce feroit fur-tout de deffécher les marais immenfes, qui font plus de mal que les étangs,
qui font pour ce pays de vrais foyers de pefte ;
de creufer un canal pour en recevoir les eaux ;
d'y faire affluer des ruiffeaux & rivières, pour le
rendre navigable. Quels bienfaits ce feroit pour
un pays où les chemins font impraticables, &
les communications fi difficiles ; où, fur plus de
40 lieues de long, & 15 à 20 de large, il n'y
a pas de route ! Ces bienfaits ne font-ils pas dus
à un pays célèbre par fon induftrie, qui a tant

fouffert, par toutes les tyrannies poffibles ; qui fouffre encore des effets de ces mêmes tyrannies , & par un air infalubre ?

Enfin, pour réduire tout ce qui a été dit fur cette contrée à un fimple corollaire : en defféchant tous les étangs, elle fe dépeuple & devient marécageufe. En modifiant la loi , par des exceptions afforties à la nature du fol, en defféchant les marais, les prés & étangs marécageux, en prenant des précautions, on peut faire prendre à cette grande contrée un effor favorable à l'agriculture & au commerce.

LA BRENNE.

[*Département de l'Indre.*]

Il exifte encore, dans le département de l'Indre, fur parties des diftriƀts du Blanc, Châtillon & Châteauroux , une contrée remplie d'étangs : moins étendue que la Breffe & la Sologne, elle leur reffemble par la nature du fol, dans fa couche inférieure. Elle peut contenir environ 12 lieues quarrées. Le defféchement des étangs y a excité des réclamations, comme dans les deux dernières contrées. Elles portent même le caraƀtère d'une néceffité plus impérieufe, fous le rapport de l'ordre phyfique, en ce que l'affluence des eaux n'y eft pas accidentelle.

La ci-devant Brenne eſt un vaſte plateau , dont les pentes peu prononcées s'inclinent dans deux baſſins principaux. L'un confine à la Creuſe , l'autre eſt coupé par un vallon aſſez ſpacieux , dans lequel coule la rivière de *Claiſe*. Ce dernier eſt le plus fort réceptacle des eaux d'étangs. Toutes les eaux ont leur direction de l'eſt à l'oueſt.

La Baſſe-Brenne eſt habituellement inondée , parce qu'elle eſt dominée par des ſources, & l'écoulement des eaux d'une vaſte étendue de bois & forêts. Pour y exercer , avec quelque ſuccès , la culture , il a fallu retenir & modérer le cours des eaux. Telle eſt l'origine des étangs multipliés qui y exiſtent à la file les uns des autres , plus encore que dans les autres contrées.

Le ſol inférieur eſt communément une couche de glaiſe , compacte & imperméable à l'eau. La ſurface eſt , dans des endroits , une mince couche de terre végétale , qui n'admet que la culture de quelques graminées. Dans d'autres , la couche ſuperficielle n'eſt que de ſable , que le tems & la culture ont plus ou moins végétaliſé. Mais dans la plus grande partie, le ſol n'eſt qu'un ſable exceſſivement ténu , s'agglutinant ſous l'eau comme à l'air. Il ne faut rien moins qu'une culture opiniâtre, & beaucoup d'engrais, pour la rendre produ&ible.

Si le fol, dans ces parties applaties, eſt ingrat, il y a auſſi des parties qui font fertiles. Telles font celles qui fe trouvent au-deſſous des côteaux cultivés ; celles qui font dominées ou entourées de bois. Le détritus des végétaux y a été plus accumulé, & le cultivateur n'a pas manqué de confier fes récoltes à ces cantons favoriſés.

La partie couverte d'étangs eſt réellement une contrée ſtérile. A peine la couche de terre végétale eſt-elle fenfible. De grandes & immenfes bruyères les circonfcrivent. Les eaux n'y peuvent charier aucuns débris de végétaux, ni de terre meuble, qui augmente & enrichiſſe le fol des étangs. Ils n'offrent pas, comme en Breſſe, les reſſources de la culture, après les pêches.

Comme dans les autres pays d'étangs, l'origine de ces retenues d'eau a été raiſonnée & néceſſitée par la nature même du fol, par le défir de conferver des propriétés inférieures, de conſtruire des ufines & pratiquer des irrigations fur la cime des deux baſſins, où les pentes font incertaines, la retenue des eaux en plus grande maſſe a été abfolument néceſſaire, pour abreuver les beſtiaux, & pour tous les uſages domeſtiques. Mais auſſi, ces retenues utiles ont été multipliées par

le befoin de poiffon , rendu néceffaire par les
cáftes du ci-devant clergé. L'intérêt a profité de
ces befoins, & la cupidité en a fait conftruire
à l'excès.

Des moulins , des ufines , des forges ont été
conftruits au-deffous des plus grands réfervoirs.
Leur utilité a en quelque forte fanctionné leur
exiftence. Ces conftructions font d'autant plus
malheureufes pour l'agriculture & la falubrité de
ce pays , que les étangs réfervés font précifément
ceux fur lefquels il s'élève le plus conftamment
des brouillards ou des émanations méphitiques.
Affujettis au fervice des ufines , ils éprouvent
des retraites d'eau fucceffives qui , pendant
les chaleurs , donnent plus d'activité à l'évaporation & à la putréfaction. Ils font encore ceux
fur lefquels l'agriculture pourroit s'exercer fruc-
tueufement, parce qu'ils font placés ordinairement
dans des vallées ou près des bois , où la chûte
entraîne des débris. Ceux, au contraire , qui font
en plaine , au milieu des brandes , n'ont aucune
qualité mal-faifante , puifque les bords font fablonneux & dégarnis de toute matière qui puiffe
fe décompofer.

Il n'eft que trop vrai que la population y eft
très-modique , en raifon de l'efpace du territoire.
Il eft vrai que dans certains cantons , les hommes

D 4

y font habituellement fouffrans & fujets à des
maladies endémiques. Mais il n'eft que trop vrai
auffi que cette dépopulation a une autre caufe.
La défaftreufe gabelle a ravagé ce pays, comme
un pays ennemi. La mifère la plus déplorable,
la féodalité la plus defpotique opprimoient en
général ce malheureux pays que n'habitoient ni
les nobles, ni les riches propriétaires. Une culture
pénible, des récoltes incertaines fur un fol difgracié par la nature, le vil prix des denrées,
forçoient les malheureux habitans à tenter d'autres moyens d'induftrie & de fortune. La rivière
de *Creufe* étoit la limite des pays où commen-
çoit *la grande gabelle*. Le Poitou étant un pays
rédimé, ne payoit le fel que trois à quatre liards
la livre, lorfque le Berry le payoit quatorze fols.
Sauver une charge de fel dans le pays *gabellé*,
étoit une fortune. Les malheureux étoient prefque toujours victimes de ces actions qu'ils n'en-
treprenoient fouvent que pour faire vivre une
nombreufe famille. La prifon, les galères ou la
mort confumoient les hommes de cette contrée,
comme tous ceux des bords de la Haute-Creufe.

Prefque toutes les communes ont réclamé
contre la ftricte exécution de la loi. Les unes,
pour abreuver les beftiaux & pour les irrigations:
les autres, pour préferver leur meilleur fol des

inondations. Elles ont adreſſé un long mémoire
à la convention. Elles ont encore pris l'avis des
ſociétés populaires des communes de Châtelleraud , Poitiers & Iſſoudun. Tous les avis ſont
unanimes.

Deux citoyens députés par ce canton près la
convention , le 4 pluviôſe dernier , lui repré-
ſentent : « Qu'en détruiſant tous les étangs , on
» détruit la Brenne entière , que la loi manquera
» d'autant plus ſon but, qu'on forcera pluſieurs
» colons d'abandonner les domaines qu'ils habi-
» tent , puiſqu'ils ſeront privés entièrement , non-
» ſeulement des fourrages indiſpenſables à la
» nourriture des beſtiaux de charrue , mais en-
» core à celle de ceux deſtinés à faire des élèves,
» & à procurer les engrais , ſi néceſſaires à ces
» mêmes terreins , qui ſont tels, qu'ils ne ſont
» ſuſceptibles d'être fertiliſés qu'autant qu'ils ſont
» bien amendés, puiſqu'ils ne peuvent être mis
» en prairies artificielles, & qu'ils ne ſont pro-
» pres enfin à rapporter de l'herbe qu'autant
» qu'ils ſont baignés pendant l'été.

  » D'après ces confidérations , citoyens repré-
» ſentans , continuent-ils , nous vous prions , au
» nom de ce pays , ſi digne de vos follicitudes ,
» par l'aridité naturelle de ſon ſol , de vouloir
» nommer dans votre ſein deux commiſſaires ,

» pour prendre connoiffance du local, de fuf-
» pendre l'exécution du décret jufques après leur
» rapport ».

Ils ont joint à leur mémoire une lettre du
citoyen Boncerf, qui partage entièrement leur
opinion, & qui habite lui-même cette contrée.

Le 18 frimaire, an troifième, la commiffion
de commerce appelle l'attention de la commiffion
fur les dommages qui réfultent du defféchement
des étangs, tant pour les forges de Preully, fituées dans la ci-devant Brenne, que pour l'intérêt public. « En avouant (dit la fociété populaire de Châtelleraud, fur un rapport qui lui eft
fait par fix commiffaires nommés pour examiner la juftice de la pétition des habitans de la
Brenne) « que le defféchement des étangs feroit
» ceffer la caufe de l'infalubrité de l'air, on ne
» peut s'empêcher de reconnoître cependant
» qu'avant de produire cet effet, il augmen-
» teroit prodigieufement le mal. Ce ne font pas
» les émanations aqueufes qui altèrent l'air ou
» nuifent à la fanté, mais bien celle des vafes
» dans les parties des étangs que la chaleur des
» étés met toujours à fec. C'eft pour cette raifon
» que le defféchement des étangs a toujours été
» funefte aux hommes placés dans leur voifinage.
» Mais, nous le demandons, que feroit-ce donc,

fi l'on venoit mettre à fec tous les étangs de la Brenne ? étangs d'une fi vafte étendue , qu'ils couvrent plus de la moitié du fol de ce pays. Nous croyons être en droit d'affurer que la Brenne deviendroit infailliblement le foyer d'une épidémie , dont la contagion pourroit peut-être s'étendre & fe propager très-rapidement , & dont les défaftres font incalculables. Cet effet réfulteroit encore de l'imperfection des deffé-chemens , à moins de travaux confidérables , qu'on n'a certainement pas le moyen & la volonté d'entreprendre. Il refteroit , à la place des étangs, des cloaques fangeux qui , en fe def-féchant , deviendroient des foyers d'infection ».

Cette fociété termine par demander des modifications à la loi , & néanmoins provifoirement l'exécution de celle qui exifte.

Celle de Poitiers , en préférant le défrichement des vaftes plaines de la Brenne , déclare , dans une adreffe à la convention, qu'elle adhère aux moyens & raifons confignés dans le mémoire des habitans de la Brenne; invite la convention nationale à fe faire rendre compte des différens cantons de la République , tels que celui de la Brenne , où les étangs. font plus utiles que nuifibles à l'agriculture , pour en faire exception dans fon décret du 14 frimaire.

La fociété populaire d'Iffoudun, après avoir pris communication du mémoire des habitans de la Brenne, s'exprime ainfi : « D'après les connoiffances locales que la fociété a de ce pays, & d'après les différens rapports de commerce qui exiftent entre les deux diftri
ts ; confidérant que fi le décret du 14 frimaire, relativement au deffèchement des étangs, eft exécuté, cette opération entraînera infailliblement la perte de toutes les productions territoriales de la Brenne, fans moyens de les remplacer par d'autres genres d'exploitations : confidérant que les départemens & les communes qui avoifinent ces contrées, perdront une branche effentielle de commerce, en beftiaux de bonne efpèce & en denrées agréables & utiles : confidérant en outre que tous les moyens de fubfifter étant ôtés aux habitans de la Brenne, il s'enfuivra une dépopulation confidérable, & que ce pays ne fera bientôt plus qu'un vafte défert; arrête qu'elle donne fon affentiment à la réclamation des habitans de la Brenne, comme étant d'un intérêt général ».

La nature y oppofe en effet de grands obftacles au deffèchement de tous les étangs. Les exceptions même de la loi font contraires au feul bien que le deffèchement des étangs marécageux pourroit opérer ; car les deux agens envoyés dans cette

(61)

artie, atteftent que le cantôn de la Brenne le plus
al-fain eft au milieu des étangs, qui fervent à
imenter deux forges. Le plus grand nombre a
é vendu par la nation au citoyen qui eft pro-
riétaire de ces ufines, pour avoir, en tous tems,
es eaux fuffifantes. Ces mêmes agens, fans avoir
gard à une pétition de ce propriétaire, avoient
ompris 14 étangs, dans le nombre de ceux qui de-
oient être defféchés, contenant 848 arpens. Mais
e repréfentant du peuple Fery, chargé du foin de
aire fondre des canons, boulets & autres objets de
uerre, leur a fait connoître qu'il falloit laiffer
éferver par les maîtres de forges tous les étangs
qu'ils réclameroient, afin qu'ils n'euffent aucuns
rétextes de retard ou d'inaction.

Dans la partie baffe, au milieu des brandes,
on a réfervé, pour abreuver, ou réduire à un
rpent, 124 étangs. Cette réferve feule démontre
bien la néceffité de l'exiftence des étangs, dans
cette partie, & de modifier la loi, felon les localités
& les circonftances.

La ci-devant Brenne pourroit être mieux cul-
tivée, en defféchant les étangs marécageux; en
confervant ceux qui repofent fur un fable ou une
argille pure; en facrifiant ou déplaçant des ufines
dont les eaux, beaucoup trop élevées, occafionnent des marais; en faifant examiner, par

des hommes inftruits & non prévenus, les étang
qui feroient fufceptibles de culture ; en ordon
nant une police févère pour le curement de tou
les canaux de décharge, jufqu'aux ruiffeaux ou
rivières ; en accordant des fecours en homme
& argent aux plus malheureux des citoyens qu
fouffrent de l'état habituel où ils font. Des excep
tions à la loi font donc rigoureufement néceffaire
pour ce pays.

RÉCLAMATIONS GÉNÉRALES.

§. 1er.

Abreuvage des beftiaux.

La commiffion va rappeller au comité tous les
motifs de réclamations qui lui font parvenus
de 46 départemens. Il reconnoîtra, comme elle,
la néceffité de déterminer plus pofitivement les
difpofitions de la loi , fur certaines queftions
qui n'ont pas été prévues ; de la modifier fur d'autres, que le bien général follicite, & qu'en beaucoup d'endroits la nature même commande. Pour
mieux apprécier chacun de ces motifs & l'opinion que la commiffion s'en eft formée, elle les
confidérera , les uns après les autres, en indi-
quant les départemens & les principales circonftances.

L'article 5 de la loi a excité le plus de réclamations. Il eſt ainſi conçu : « Ne ſont pas conſi-
» dérés comme étangs ni ſujets au dèſſéchement
» ordonné par la préſente loi, les réſervoirs d'eau
» qui ont été deſtinés juſqu'à préſent à l'irriga-
» tion des prairies , ou à abreuver les beſtiaux ,
» pourvu qu'ils ne contiennent pas plus d'un arpent;
» & s'ils ont une plus grande étendue, ils feront
» réduits à celle d'un arpent ».

Sous le rapport de l'abreuvage des beſtiaux,
il eſt manifeſte que la réduction à un arpent ſur
un étang de certaine étendue, eſt une reſſource ,
ſinon illuſoire, au moins très-éventuelle, & qui
peut ſouvent être dangereuſe. Car ſi l'étang eſt
vaſte, ſi le ſol eſt ſablonneux & pierreux , il n'y
a ordinairement de vaſe que dans la partie intérieure de la chauſſée , dite communément la
poële. On conçoit que cet arpent ne préſente
plus que quelques pouces d'eau que les chaleurs
mettent bientôt en fermentation avec la vaſe &
là font promptement évaporer.

Si le ſol eſt vaſeux , ſi la poële eſt profonde ,
s'il y a même 12 à 15 pouces d'eau, ſi ce volume,
renouvellé par des pluies accidentelles, peut ré-
ſiſter à l'évaporation, les bords de ces étangs vafeux ou fourceux, couverts de joncs dont les racines s'enlacent en tous ſens, font inacceſſibles

aux beftiaux. La partie de l'eau des rives qui eft en contact avec la vafe s'échauffe, fermente, charge l'air d'émanations plus ou moins nuifibles.

En d'autres lieux, où le terrein de l'étang réduit, eft pierreux & rebelle à toute efpèce de culture de graminée, où il eft d'un fonds propre à être cultivé. Dans le premier cas, on perd le produit avantageux du poiffon; on perd la reffource d'abreuver facilement les beftiaux, d'arrofer des prés, fans aucun remplacement. Dans le fecond, la culture ne gagne rien ou peu : 1°. parce que, l'eau communiquant dans toute la circonférence de fon étendue avec la vafe qui eft fpongieufe par fa nature, l'humidité fe communique à de longues diftances; 2°. parce que la bonde étant fermée, les crues après des pluies ou orages inonderoient les parties labourées; 3°. les beftiaux fouffrent pour aller boire une eau fouvent corrompue, & qu'il leur eft fouvent difficile d'aborder; 4°. la pureté de l'air eft altérée par les exhalaifons qui s'élèvent de ce fol humide & marécageux, mille fois plus infalubre que l'étang même refté en pleine eau.

Quoique la loi défigne pofitivement un feul arpent, cette étendue n'eft pas auffi rigoureufe qu'on l'a interprété dans beaucoup d'endroits. Là, on a penfé que cette réduction à un arpent

étoit

étoit pour les plus baffes eaux. Ailleurs, le mot littéral de la loi a prévalu : la réduction ftricte a été ordonnée, & on demande dans ce cas, fi des pluies continues, fi des pentes rapides donnoient quinze à vingt fois dans l'année fix, dix, quinze arpens, faudroit-il donc que le propriétaire fût tenu, à chaque crue, d'aller lever la bonde ou de conftruire dans la chauffée même un déverfoir au niveau de la hauteur d'un arpent ? Le propriétaire, ne réfidant pas ordinairement fur les lieux, ne manqueroit pas d'en impofer l'obligation à fon fermier ou métayer. Peut-on croire que celui-ci en contracteroit l'obligation ou que la loi feroit fidèlement exécutée, s'il la contractoit ? Cette dépenfe feroit exceffive & d'une exécution très-difficile dans les chauffées élevées & épaiffes. Une telle opération néceffiteroit, dans les points où les chauffées fervent de communication, ou un pont, ou une voûte. De tels moyens font-ils raifonnablement propofables ? Les frais & les moyens d'exécution, dans des lieux fouvent dépourvus de matériaux, pour fe procurer une reffource évidemment illufoire, ne les éloignent-ils pas fans retour ?

Des réclamations innombrables font parvenues au comité de la convention, à la commiffion, de communes de trente départemens. Toutes

E

demandent ou une ampliation fur l'étendue d'un
arpent, ou des modifications, & , le plus grand
nombre, des exceptions. Toutes ces réclamations
ont des caractères, des nuances différentes, felon
la diverfité des fols, des fites & de la population.
La commiffion voudroit pouvoir les retracer toutes.
Le comité y verroit dans l'expofé le befoin bien
réel d'abreuver les beftiaux , la néceffité de
conferver quelques étangs. Il y verroit encore la
manifeftation de leur refpect pour les loix , & leur
aveu pour les abus des étangs.

Ainfi , dans le diftrict de Montargis , plufieurs
hameaux des communes de Tymory ont conftruit autrefois un étang au milieu d'une plaine ,
pour abreuver les beftiaux. Plus de neuf cents
bêtes-à-laine & à cornes s'y abreuvent tous les
jours. Les puits ne font alimentés que par la filtration de fes eaux. Ils font à trois quarts de
lieue d'un ruiffeau qui tarit fouvent, à une lieue
du canal d'Orléans. Cet étang leur eft abfolument
néceffaire encore pour tous les ufages économiques & domeftiques.

Ainfi , dans le département de l'Yonne , la
commune d'Avallon réclame la confervation d'un
étang de douze arpens. Située fur un rocher
efcarpé, elle eft entourée de trois parts par des
foffés profonds creufés par la nature. Les puits

& citernes ne donnent de l'eau qu'une partie de l'année. Cette année même, ils ont tari. L'étang a été la feule reffource pour les conftructions, abreuvoirs & ufages domeftiques.

Il n'en exifte aucun autre dans la commune, malgré toutes les dépenfes qu'elle a faites pour s'en procurer. La rivière du Coufin coule au bas des deux côtés des montagnes au fud & à l'oueft, comme dans un abyme, à une diftance de plus de cinq cents pieds. Il faut trois quarts-d'heure pour y defcendre par des fentiers obliques & tortueux. Cet étang eft encore néceffaire pour abreuver & baigner les chevaux des poftes & meffageries. Il eft la feule reffource en cas d'incendie. Oter cet étang à la ville d'Avallon, c'eft la priver d'un objet de première néceffité.

L'adminiftration, par ces confidérations, en a prononcé la confervation provifoire, en attendant que par des établiffemens on puiffe conduire dans la commune les eaux qui forment l'étang. Elle en a référé auffi-tôt à la commiffion & au comité d'agriculture. Il eft impoffible de combattre la néceffité d'une telle exception.

Le befoin feul, dit la fociété populaire de Brutus-le-Magnanime, par une troifième adreffe, en date du 20 brumaire dernier, « le befoin feul

» nous fait solliciter le rapport d'un décret rendu
» par la convention. Ce besoin est de première
» nécessité. Nous habitons un pays où il n'y a ni
» rivière , ni source à proximité. Un étang qui
» baigne nos murs servoit de lavoir & d'abreuvoir.
» Rendez à notre industrie ce que la nature a
» refusé à notre besoin ».

Dans le département de l'Aube , la commune
de Bailly-le-Franc demande la remise en eau
d'un étang qui est le seul réservoir. Elle a fait
le recensement des maisons & bestiaux. Il con-
siste en trente ménages , quatre-vingt-dix chevaux , six cents moutons , cent six vaches. Elle est
à une lieue de la rivière. Il lui en a coûté une
somme considérable d'abonnement , pour conduire de l'eau pendant l'été dernier.

 . Dans le district de Montmorillon , département
de la Vienne , les administrateurs ont cru devoir
prononcer la conservation provisoire d'étangs situés
au milieu des immenses brandes qui s'étendent
vers le district du Dorat , sur lesquels paissent
de nombreux troupeaux , auxquels il faudroit renoncer , sans les étangs , qui , quoique vastes , se
dessèchent ou se réduisent beaucoup pendant les
étés. Ils ont cru voir une perte énorme pour
l'agriculture. Ils en ont référé au comité , dans
l'indécision , les étangs sont restés en eau.

Le comité obfervera la néceffité de ramener
la loi à une exécution uniforme, par des exceptions ou par d'autres modifications, puifque dans
le département de l'Aube, la loi eft rigoureufement exécutée, quoique l'agriculture en fouffre;
& que dans celui de la Vienne, on en fufpend
l'exécution, pour ne pas faire fouffrir l'agriculture, en confervant les troupeaux.

A Beaune, département de la Côte-d'Or, un
village a fait conftater qu'il avoit fept cents bêtes-
à-cornes; que deux étangs fervoient à les abreuver : ils font à deux grandes lieues de la Saône.

A Priffac, diftrict d'Argenton, département
de l'Indre, la fociété populaire réclame, avec
la plus vive inftance, la confervation de quelques étangs fitués au milieu de brandes immenfes fur lefquelles paiffent les troupeaux,
mais principalement les mulets fervant à l'exploitation des forges, fans lefquels il feroit impoffible de continuer à faire aller ces ufines.

A Château-du-Loir, département de la Sarthe,
la rivière la plus proche eft à trois quarts de
lieue. Un étang eft abfolument néceffaire pour
habiter & cultiver le pays.

A Montagne, diftrict de Fougères, département d'Ille-&-Vilaine, un village, fitué fur un
rocher, n'a d'autre eau que celle d'un étang

conftruit à grands frais dans une gorge de montagnes & fur un fonds indefféchable.

La commiffion fe borne à ne citer que quelques localités. Mais elle a vu , par toutes les
pièces, que cette difpofition de la loi a excité des
réclamations innombrables dans des points différens , de tous les départemens déjà énoncés.

§. 2.

Irrigations.

Un arpent d'eau pour arrofer des prairies eft
encore évidemment infuffifant. L'agriculture en
a beaucoup fouffert cette année.

Dans tous les départemens , des étangs avoient
été conftruits pour arrofer les prairies. Ces irrigations, faites à tems & à volonté, favorifoient
puiffamment la végétation. L'abondance des récoltes étoit le prix de cette induftrie. Les réflexions
font inutiles, pour convaincre de la réalité de ces
effets. La commiffion fe borne donc à rappeller
quelques localités frappantes par leur pofition &
par la perte des fourrages.

A Luxeuil, département de la Haute-Saône, les
adminiftrateurs expofent que le fol de leur diftrict
eft aride, fablonneux, parfemé de montagnes;

que les habitans ont été obligés d'y conftruire des
étangs, ainfi que dans les bois ; que, cette année
principalement, les eaux ont été d'une grande
reffource ; que, fans ces étangs, il n'y auroit aucune récolte de foins ; que tous leurs prés, fitués
fur le revers des montagnes, ont abfolument befoin de ces irrigations, fouvent répétées pendant
la belle faifon ; que la même néceffité exifte pour
abreuver les beftiaux.

A Chinon, département de la Nièvre, où il
s'élève une fi grande quantité de beftiaux, pays
connu autrefois fous le nom de *Morvant*, les adminiftrateurs réclament la confervation de quelques étangs, pour faire des récoltes de foin &
abreuver. On ne peut calculer la perte qui en réfulteroit pour ce canton, où les prés de bas-fonds
font prefque toujours ravagés par les torrens qui
defcendent des montagnes ; où les bois multipliés
ombragent trop les pâturages, & où conféquemment les prés élevés font d'autant plus néceffaires
& plus produ&ifs.

A Montmaraut, département de l'Allier, la
fociété populaire réclame, par les motifs les plus
preffans, la confervation de plufieurs étangs,
pour arrofer les prés, fans lefquels ils n'auroient
aucun fourrage d'hiver. Leur réclamation a été
adreffée aux repréfentans de ce département,

pour attefter la vérité des faits au comité & à la convention.

A Joigny, département de l'Yonne, une vafte prairie, de plufieurs lieues, n'exifte & ne peut produire que par l'irrigation de l'étang de Sépaux, dont la chauffée fert de grande route, dont le fonds eft ingrat pour la culture, & encore, fitué au milieu d'une plaine où il fert à abreuver. Toutes les communes de ces cantons, au fud du diftrict, ont réclamé & repréfenté l'impoffibilité de continuer leur culture.

A Mont-de-Marfan, département des Landes, les adminiftrateurs, après avoir fait précéder leur arrêté, par des confidérations fortes & convaincantes, ont fufpendu le defféchement de deux étangs, qui n'exiftoient que pour l'irrigation de vaftes prairies, fans lefquels elles ne produiroient rien, en obfervant que le fond des étangs eft indefféchable. Ils en ont référé au comité, pour connoître leur conduite ultérieure & définitive.

Les irrigations, en général, mais celles fur-tout faites avec des eaux réfervées, font effentiellement fertilifantes. Bien loin d'en diminuer le nombre & les moyens, il faut les augmenter, les multiplier par-tout, pourvu qu'elles ne nuifent pas à la falubrité. La commiffion ne peut donc qu'infifter fur des exceptions à faire à l'article 5 de la loi, pour

foutenir & agrandir l'étendue des terreins confa-
crés aux fourrages.

§. 3.

Fonds indefféchables.

Il eſt dans l'ordre de la nature qu'il y ait des
fonds ſourceux & des abymes couverts à la longue
par le détritus des plantes, ſur leſquels il eſt im-
poſſible d'exercer une culture quelconque, au
moins avec bénéfice. L'expérience, les obſervations, l'intérêt même, peuvent avoir ſuggéré des
moyens d'induſtrie, ſoit pour prévenir des émanations dangereuſes, ſoit pour forcer de tels ſols au
produit, en poiſſon, en pacage ou en irrigation.
Ces amas d'eau, généralement connus ſous le nom
de *fondrières*, devoient être multipliés ſur un ſol
autrefois couvert de bois, & qui a dû éprouver
autant de tourmentes que les pluies & les ſources,
plus abondantes alors, devoient en produire. Le
meilleur moyen, ſans doute, étoit de couvrir
ces réceptacles d'eaux ſauvages, par un grand
volume d'eau, pour détruire la malignité des
évaporations. On a conſtruit des chauffées avec
des bondes : en augmentant le volume des eaux,
leur ſurface a augmenté en raiſon de l'applatiſ-

fement du fol circonvoifin ; & on y a mis du poiffon.

La caufe de ces étangs eft certainement autant induftrieufe qu'utile ; & ceux qui ont pu obferver le fol de la République, fur-tout dans le voifinage des bois, conviendront que telle eft l'exiftence de plufieurs étangs.

Ainfi, à Provins, département de Seine & Marne, les communes & adminiftrateurs réclament la confervation en eau d'étangs remplis de fources venant de la forêt de Jouy, & qu'il eft impoffible de deffécher.

A Bouffac, département de la Creufe, les adminiftrateurs déclarent que les anciens avoient transformé en étang un marais peftilentiel ; que, fidèles à exécuter la loi, ils l'ont réduit à un arpent ; mais qu'il eft indeffécable.

Les adminiftrateurs du diftrict d'Arney, département des Vofges, déclarent & démontrent, par un raifonnement fondé fur des faits, que plufieurs de leurs étangs font indefféchables, & que fi on en met le fol à découvert, ils feront mille fois plus nuifibles qu'en nature d'étangs.

Les adminiftrateurs du diftrict de Montagne, département de la Marne, expofent au comité & à la convention, que la plupart de leurs étangs font fitués dans les bois ; que le fol eft une argille compacte, la fuperficie un fablon ferrugineux, qui n'eft pas propre à la végétation ; qu'il feroit impoffible de les deffécher , & qu'il feroit bien plus utile de les conferver en eau , parce qu'ils produiront en poiffon , en pacage , & ferviroient encore à abreuver. Cette contrée donne naiffance à deux rivières , notamment *à l'Aifne* , fur laquelle il eft évident que le defféchement des étangs auroit une influence défavantageufe.

Les adminiftrateurs du diftrict de Chaulny , département de l'Aifne , ont nommé des commiffaires , pour rendre compte de la fituation des étangs. Il en réfulte les mêmes faits & obfervations que dans le département de la Marne.

Dans le diftrict de la Tour-du-Pin , département de l'Ifère , beaucoup d'étangs ne laifferont à l'air que des mares boueufes. Ils font encore indefféchables , parce qu'ils font alimentés par les filtrations des glaciers des montagnes.

Il exifte des milliers d'amas d'eau pareils , qu'on ne peut defféquer qu'avec des dépenfes qu'aucun intérêt n'exige. Le meilleur moyen feroit peut-être de les combler , fi toutefois on pouvoit maîtrifer les effets de la force de l'eau , que des réfervoirs immenfes & inconnus dominent. Il feroit plutôt à défirer que tous ces marais mouvans , qu'on néglige , fuffent tous couverts

d'un grand volume d'eau, jufqu'à ce que le gouvernement pût s'occuper de les détruire tout-à-
fait.

§. 4.

Pacage des beſtiaux.

La reſſource du pacage qu'offroient les étangs,
a été univerſellement réclamée. Si l'intérêt a
déterminé beaucoup de propriétaires à en demander la conſervation, pour cet objet, la commiſſion doit dire, d'après le rapport de ſes agens,
d'après les inſtructions qu'elle a priſes dans la
correſpondance des corps adminiſtratifs, que l'habitant des campagnes redemande avec inſtance
le pacage des étangs. Elle ne ſe diſſimule pas
que l'habitude, les préjugés ou le défaut de
moyens de mieux faire, peuvent bien faire re-
garder ces pacages comme des pertes réelles,
tandis qu'avec des ſoins & une induſtrie bien di-
rigée, on pourroit peut-être faire produire, ſur
la plus grande partie du ſol des étangs, des
fourrages meilleurs que ceux qui couvrent la
ſurface des eaux. Il eſt vrai de dire cependant,
qu'il croît ſur les étangs différentes herbes, que
les chevaux & bêtes-à-cornes appètent beaucoup,
& qui les entretiennent. Cette nourriture peut en-

core être falutaire dans des pays arides, où les beftiaux, après avoir pâturé le fourrage fec, les bruyères amères, les feuilles ftiptiques des chênes, accourent dans les étangs prendre une nourriture rafraîchiffante. On peut fans doute remplacer plus utilement ces pacages, peu nourriciers, par des prairies artificielles : mais cette poffibilité eft encore bien éloignée de l'exécution. Il faut plus que des confeils pour donner une impulfion active & raifonnée aux travaux des champs. Le train d'exploitation eft tel, dans toutes les fermes des pays d'étangs : il ne faut pas le détraquer brufquement, fans pourvoir à un remplacement, & fe priver d'une reffource qui fait vivre plus d'un million d'animaux, & à laquelle les cultivateurs attachent encore l'exiftence même.

A Saint-Fargeau, département de l'Yonne, les communes ont réclamé pour le pacage & pour l'abreuvage.

A Seure-fur-Saône, les citoyens des campagnes ont cru leur exploitation perdue, fi on deffechoit les étangs. Des propriétaires externes ont voulu exécuter la loi à la rigueur. Les citoyens ont réclamé, fur l'extrême utilité des étangs, pour abreuver & pacager leurs beftiaux. Le comité a été inftruit de ces oppofitions.

A Montpont , diſtrict de Ruſſidan , département de la Dordogne , la ſociété populaire ex-
poſe , qu'une grande contrée inculte n'a été ſou-
miſe à un produit qu'en y formant des étangs ,
dans leſquels ils trouvent le double avantage du
poiſſon & du pacage ; que le territoire immenſe
qui les circonſcrit eſt ſtérile ; que le ſol que les
eaux couvrent le ſeroit de même ; qu'au moins
ces eaux arroſent & bonifient quelques parties
de ce terrein ingrat ; & qu'ils échangeroient ,
diſent-ils , une terre à produit pour une terre
ſtérile. Ils demandent , au nom du bien public ,
l'examen de la réalité des faits qu'ils expoſent ,
par des commiſſaires.

Dans le diſtrict de Montluel , département de
l'Ain , les fermiers & métayers veulent quitter
les métairies , ſi on leur ôte la reſſource de quelques étangs. Le bien de l'agriculture veut donc
qu'on ne ſe prive pas ſubitement de cette reſſource , & qu'on la concilie avec l'exécution de la
loi & l'intérêt général.

§. 5.

Grandes routes & chemins interceptés.

L'article premier de la loi , porte qu'on en-
levera les bondes & rompra les chauſſées de tous

les lacs & étangs qu'on eſt dans l'uſage de mettre à ſec pour les pêcher.

Une loi de pluviôſe porte qu'on ne rompra pas les chauſſées des étangs qu'on pourra deſ-ſécher autrement.

Cette partie de la loi éprouve des difficultés & des obſtacles multipliés, qu'il importe beau-coup de faire ceſſer.

Les chauſſées, en général, ſervent aux com-munications. Un très-grand nombre n'a été conſ-truit que pour les faciliter. Dans tel canton, des débordemens fréquens interceptoient les fréquen-tations vicinales & l'approviſionnement des mar-chés. Un propriétaire conſtruiſoit une chauſſée, ſous la condition de jouir du terrein couvert d'eau. Ces tranſactions ſouvent étoient au profit du noble, du riche. Mais elles faiſoient au moins le bien du voiſinage.

En d'autres endroits, le point le plus acceſ-ſible entre deux communes étoit une vallée, dont le fond étoit rempli de ſources & de pré-cipices. Une chauſſée devenoit néceſſaire ; elle a été conſtruite. Les eaux ont couvert le ſol environnant : la jouiſſance en étang a dédom-magé des frais.

Il exiſte un nombre prodigieux d'étangs,

qu'on ne peut réellement deffécher, fans rompre les chauffées ; & cependant elles font abfolument néceffaires, non-feulement pour les chemins vicinaux, mais encore, en beaucoup d'endroits, pour les grandes routes. Il fuffit de citer des exemples.

A Montagne, département de la Marne, les adminiftrateurs ont fait conftater par deux experts, l'un cultivateur, l'autre architecte, que des chauffées fervoient de paffage à la fortie de plufieurs bois, à celle des foins qu'on récolte fur les bords de la rivière d'Aifne, *fans qu'il y ait de paffage* ailleurs pour leur fortie ; ils ont provifoirement fufpendu le defféchement, & en ont référé au comité d'agriculture.

A Montargis, département du Loiret, la chauffée d'un étang de la commune d'Hilaire a été conftruite à grands frais. Elle fert de communication à quatre communes. Par ce chemin feulement, on peut exploiter un bois voifin : cette chauffée retient les eaux qui formeroient un marais immenfe, & qui n'eft moins grand au-deffous, que parce qu'on a forcé les eaux à fe déverfer dans une petite rivière qui paffe à Montargis. Rompre cette chauffée,

feroit

feroit anéantir ce canton. Le conſtructeur mérite la reconnoiſſance publique.

A Carlepont, diſtrict de Noyon, département de l'Oiſe, l'adminiſtration de diſtrict a pris un arrêté ainſi motivé : « Conſidérant qu'il eſt de
» l'intérêt public de ne pas changer la nature
» de l'étang des Relais, dont l'expérience a tou-
» jours montré les avantages, puiſqu'il ſert à
» abreuver les beſtiaux, à arrêter les incendies,
» [dans un pays où les maiſons ſont couvertes
» de chaume] à préſerver, dans les tems d'orages,
» la majeure partie des héritages de Carlepont
» des inondations qui y ſeroient fréquentes,
» arrête qu'il en ſera référé auſſi-tôt au co-
» mité, &c. ».

A Marigny, diſtrict de Beaune, département de la Côte-d'Or, les adminiſtrateurs ont pris auſſi l'arrêté ſuivant : « Conſidérant que l'étang
» Reuley eſt extrêmement néceſſaire pour abreu-
» ver les beſtiaux de pluſieurs communes, que
» le deſſéchement expoſeroit à l'inondation une
» grande étendue de terrein fertile ; qu'il eſt de
» notoriété publique, que la grande route eſt
» ſouvent expoſée à être inondée & ſouffre des
» dégradations que cauſent les eaux d'étang
» dans lequel coule un ruiſſeau ; que quand il
» eſt plein, la bonde levée, à l'aide d'un dé-

F

» chargeoir , il n'y arrive aucune inondation ;
» que cet étang retient les eaux affluentes....
» que d'ailleurs, le fonds n'en vaut rien, puif-
» que le propriétaire a tenté de le cultiver en
» partie, attendu le bien public pour la route,
» arrête la confervation provifoire ».

L'adminiftration de Joigny, département de
l'Yonne, a prononcé la confervation provifoire
de la chauffée de l'étang de Sépaux , fur laquelle
paffe la route de Courtenay à Joigny, Auxerre
& Dijon, jufqu'à ce qu'elle foit autorifée à faire
conftruire un pont. Cet étang eft fur un terrein
ftérile : il arrofe une grande prairie.

Les adminiftrateurs du diftrict de Chaulny ,
département de l'Aifne , expofent que le defféchement d'un étang, néceffitant la rupture de
la chauffée, on intercepteroit la communication
de plufieurs communes, celle néceffaire à l'exploitation des bois de Moutijet, attendu que le
fonds n'eft pas fufceptible de culture; ils en ont
ordonné, par ces motifs, la confervation provifoire.

A Clemont , département de l'Oife , des
experts ont demandé 50,000 liv. pour deffécher
un étang de 55 arpens.

A Montdoubleau , département de Loir &

Cher, un vafte étang a été vidé ; mais pour la deffécher, il faudroit rompre la chauffée : elle fert de grande route pour aller au Mans. Le fameux chemin, dit *de Céfar*, eft conftruit fur la chauffée, qui d'ailleurs eft abfolument utile à l'exploitation des bois pour les forges de Vibrai & verreries de Montmirail. Il faut abfolument un pont : dépenfer peut-être plus de 400,000 liv., pour avoir un fonds ombragé & fourceux.

Voici encore une difficulté nouvelle, fur laquelle il faut que la légiflation s'explique.

A Luxeuil, département de la Haute-Saône, un propriétaire, pour deffécher fon étang & fe conformer à la loi, a fait rompre la chauffée, avant le 15 pluviôfe. Un autre propriétaire de moulin a fait conftater par une commune l'indifpenfable néceffité du moulin ; l'adminiftration a prononcé la confervation de l'étang. Le propriétaire eft pourfuivi pour reconftruire fa chauffée : il demande qu'une loi défende aux corps adminiftratifs d'ordonner aucune reconftruction de chauffées détruites avant le 15 pluviôfe.

La commiffion ne peut indiquer au jufte le nombre de ponts que néceffiteroit la rupture des chauffées, qui fervent de communications publiques, & le nombre des étangs dont le deffé-

chement complet ne peut s'effectuer que par cette
mesure : mais elle peut assurer que la dépense en
feroit immense, & que, sous le rapport seul de
l'administration publique, l'intérêt, ou les avantages qui en résulteroient, ne pourroient balancer
tant de travaux & l'emploi de milliers d'hommes,
que l'agriculture appelle pour des travaux in-
comparablement plus pressés.

§. 6.

Droits indivis, ou mixtes, pour des étangs en eau & à sec.

Il est encore indispensable qu'une loi ultérieure
fasse cesser des contestations, sur lesquelles les
tribunaux même, ont besoin d'une loi pour prononcer : elles font relatives aux droits mixtes,
ou alternatifs de propriété de l'étang en eau &
desséché. Beaucoup de ces droits, comme on l'a
déjà observé, peuvent avoir une origine féodale ;
mais il semble que dans beaucoup de parties, les
transactions, les successions les ont légitimés.
Ces droits mixtes font communs dans tous les
départemens où il y a des étangs. Le propriétaire de l'étang en eau prétend avoir moitié
dans le sol ; celui de l'étang desséché prétend

qu'il lui appartient en entier. L'un & l'autre s'appuient fur la loi , & en tirent des confé-quences oppofées. Une grande partie d'étangs eft grevée des droits de pacage & d'abreuvage. Le propriétaire du fonds les fera-t-il perdre en cul-tivant le fol ? n'eft-il pas jufte que celui-ci dé-dommage ? quelles feront les bafes de ces dédom-magemens ? Cette queftion intéreffe fur-tout le pauvre agriculteur , qui , comme fermier , ou propriétaire , avoit ces droits , & laiffoit aux riches les grands étangs ; la commiffion penfe que dans le cas où les produits d'étangs en eau pourront compenfer ceux qu'ils donneront par la culture , il conviendroit d'en ordonner le par-tage. Par-tout les adminiftrateurs réclament une explication pofitive. Déjà des procès ont été intentés , dans le diftrict de Louhans , départe-ment de Saône & Loire , & un plus grand nombre encore , dans le département de l'Ain. L'intérêt même de l'agriculture le follicite , ainfi que le repos des familles.

§. 7.

Demandes en réfiliation de baux , & faculté d'enfemencer autrement qu'en grains propres à la nourriture de l'homme.

L'article 2 de la loi porte : « Que le fol des
» étangs defféchés fera enfemencé en grains de
» mars , ou planté en légumes propres à la fub-
» fiſtance de l'homme , par les propriétaires ,
» fermiers ou métayers : ſi les empêchemens ou
» délais provenoient du défaut d'arrangement
» entre les propriétaires , fermiers ou métayers ,
» à caufe des conditions des baux , les proprié-
» taires feuls en feront refponfables , fous les
» peines portées par l'article ci-deſſus ».

Cette difpofition a donné lieu à une foule
d'incertitudes entre les propriétaires & les fermiers qu'il importe de bien déterminer. La loi
n'ayant point dit aux dépens de qui fe feroient
ces travaux de defféchement , & comment celui
qui les feroit feroit indemnifé , il eſt arrivé que
par-tout , les fermiers , ceux fur-tout dont les
baux alloient bientôt finir , n'ont pas voulu faire
des defféchemens , fouvent très-difpendieux , difficiles & incertains. Le propriétaire , de fon côté ,
n'a pu les entreprendre , parce que fa ferme étoit

occupée , & qu'il n'avoit pas tous les moyens pour entreprendre & suivre les travaux. Beaucoup de propriétaires , souvent domiciliés dans d'autres districts ou départemens , pour éviter la confiscation , ont proposé la résiliation ; les fermiers l'ont refusée. Il est résulté de cet état de choses , qu'une grande étendue de terreins est restée en vase & en marais.

Les administrateurs du district de Château-Salins , département de la Meurthe , ont exposé que l'obligation imposée aux propriétaires de desfécher , fous la peine de confiscation , dans le cas où les fermiers ne desfécheroient & ne cultiveroient pas , nécessitoit une loi précise pour la résiliation des baux ou la fixation des indemnités , de part & d'autre.

A Sens , département de l'Yonne , un fermier n'ayant pas desféché au tems prescrit par la loi , le propriétaire l'a traduit au tribunal , qui a suspendu le desféchement.

La commission se fait un devoir d'observer sur cet objet particulier , que les desféchemens exigeant , en général , de grandes dépenses & beaucoup d'ouvriers , sans présenter souvent des produits , qui indemnisent , il peut arriver qu'un grand nombre de fermiers quittent leur exploi-

F 4

tation : les changemens , on le fait , font funeftes à l'agriculture , qui ne s'exerce jamais mieux que par un fermier, qui a pu , pendant long-temps , obferver fes terres , prés & pâturages.

Le même article de la loi porte encore que le fol des étangs defféchés fera enfemencé en grains de mars , plantes ou légumes propres à la fubfiftance de l'homme.

La difpofition littérale de la loi, bien déterminée, pour des femences propres à la nourriture de l'homme, a excité & excite encore des réclama-tions innombrables. Peu d'étangs , en effet, dans la première année du defféchement, font pro-pres à la culture de plantes céréales , ou plantes légumineufes. Dans tel canton , un étang ne fera propre qu'à des plantes fourrageufes ; tel autre , à des plantes filamenteufes ; d'autres feroient plus utilement enfemencés en lin ou en colfat ; d'au-tres enfin , ne conviendroient qu'à des plantations d'arbres aquatiques , ou à former des oferaies. C'eft dans ce fens là fans doute que la loi auroit dû être interprétée ; mais on a craint de faire des interprétations. Ainfi , les adminiftrateurs du Haut-Rhin demandent à ce fujet , fi un proprié-taire peut laiffer vague un étang dont le fol n'eft bon à rien. Cette queftion eft commune à tous les départemens. Pour régularifer les décifions

des corps adminiftratifs , fur la pénalité de la
loi, pour tirer le meilleur parti poſſible des terreins defféchés , il eft donc utile qu'une loi nouvelle laiffe plus de latitude aux divers enfemencemens , & qu'elle permette auffi d'y laiffer
croître des végétaux utiles aux arts , ou aux
beftiaux.

§. 8.

*Réclamations contre les adjudications d'étangs
& droits acceffoires , faites au nom de la
République.*

La nation, en devenant propriétaire des biens-
fonds du ci-devant clergé , & , par fuite , des
dômaines royaux & féodaux des princes &
émigrés , a eu à vendre une quantité immenfe
d'étangs. Ces adjudications excitent des réclamations multipliées. Des acquéreurs ne veulent plus
continuer de payer les annuités ; ils demandent
la réfiliation de la vente. Beaucoup même préfèrent perdre les annuités , que de faire certains
defféchemens ; d'autres font dans une poſition
plus preffante encore. Ils ont acheté de la nation le fimple droit d'étang en eau , fous la condition de laiffer la troifième année , d'affec,
à un autre propriétaire. Celui-ci veut profiter

de la loi , & refufe toute efpèce de propriété à
l'acquéreur.

A Bourg , département de l'Ain , une veuve
demande la nullité d'une telle adjudication nationale de trois étangs , qui lui ont coûté 65,000 l. ;
fi on ne la réfilie pas , elle déclare qu'elle fera
ruinée ; obfervant qu'elle ne voudroit pas de ces
trois étangs à fec , fans la faculté d'y mettre l'eau ,
pour 15,000 livres.

Les adminiftrateurs de diftrict par-tout , font
embarraffés fur le fort des étangs , dont la nation eft encore propriétaire. Les uns demandent
s'ils font autorifés à faire les frais de defféchemens , dans le cas où on ne trouveroit pas à les
vendre , fous la condition de la mife en culture ,
en plantes , ou grains propres à la nourriture de
l'homme. D'autres demandent fur quels fonds
ils pourront faire faire ces travaux , & le mode
de les mettre en régie.

A Sézanne , département de Seine & Marne ,
les adminiftrateurs demandent 6,000 livres ,
pour deffécher un étang qu'une petite rivière
traverfe.

Il réfulte de cet état d'incertitude , qu'une
étendue immenfe d'étangs non vendus , font reftés ,
ou en eau , ou en marécage : une décifion eft
preffante.

§. 9.

Etangs dont le sol sablonneux n'est amélioré
& cultivé que par les eaux d'hiver.

Dans les grandes contrées d'étangs & sur des points multipliés de la République, il existe un usage qui ne peut être que le résultat de l'expérience ; c'est d'améliorer chaque année le sol des étangs, en y laissant séjourner l'eau pendant l'hiver. Au printems, on lâche l'eau, & on laboure ; quelque tems après, on fait une belle récolte d'avoine ; sans ce procédé, on ne récolteroit rien, après deux ou trois ans de culture.

On doit penser qu'un tel sol, ou sablonneux ou argilleux, n'a que peu de terre végétale, que là les eaux ne peuvent être marécageuses. D'après la loi cependant, ils doivent être desséchés : ce sera donc perdre, sans aucun retour, une ressource précieuse, que nos besoins intérieurs, & celui de nos armées réclament. Quel inconvénient y auroit-il de faire exception pour de tels étangs ?

§. 10.

Demande d'un dégrèvement sur l'impofition
des étangs.

La commiffion n'a pas encore parlé de la perte immenfe qu'ont éprouvé la République & les citoyens, par le defféchement général des étangs, parce que *l'intérêt pécuniaire, quel qu'il foit, doit céder aux grandes confidérations qui embraffent l'agriculture & la falubrité.* S'il n'étoit pas bien démontré qu'il y a des étangs qui ne font pas nuifibles, la commiffion ne parleroit pas dans ce rapport, de ce dernier objet; mais elle le doit, pour l'intérêt public; elle le doit encore, pour tranfmettre au comité & à la convention les obfervations, les réclamations des autorités conftituées, auprès defquelles elle eft l'organe, par fon inftitution.

Dans toute la République, les étangs étoient impofés au moins le triple plus que les autres terres labourables, mis à fec, le plus grand nombre perd fa valeur comparative. Il eft impoffible à la commiffion de préfenter un calcul pofitif; elle fe bornera à citer quelques exemples.

A Romorantin, département de Loir & Cher, les étangs d'une commune, (la Ferté) font éva-

Inés fur le rôle des fections à 14,125 liv. 10 f.
de revenu net ; tout le revenu de la commune
n'étant eftimé que 39,724 liv. 2 f. 4 d., il en
réfulte que les étangs en forment plus du tiers,
même à-peu-près les quatre onzièmes. Leur fup-
preffion enlèvera donc au territoire plus du tiers
de fa valeur vénale , qui, évaluée à raifon du
denier 3 , feroit une perte pour cette feule commune de 423,765 liv. Ainfi , les propriétaires
perdroient plus du tiers de leur revenu. La République perdroit, pour une feule commune de
Sologne, plus de 7,000 liv. Qu'on applique ces
calculs aux autres communes de ce pays , aux
contrées de la Breffe , de la Brenne , & à tous
les étangs ifolés dans les autres départemens, on
fera étonné de la perte qu'éprouveroit la nation
dans fes revenus publics & privés.

Dans le diftrict de Saint-Fargeau , département
de l'Yonne , dans celui de Montargis , le prix
commun des terres labourables eft de 30 à 40 f.
par arpent commun ; celui des étangs pour le
même arpent auffi , eft de 5 à 6 liv. Cependant
le diftrict de Saint-Fargeau a eu 928 arpens defféchés , & celui de Montargis , 1,493.

Par-tout les citoyens, les adminiftrateurs, réclament un dégrèvement d'impofition foncière,
pour les étangs defféchés.

A Béfort, département du Haut-Rhin, les administrateurs demandent s'il faut diminuer les impositions des étangs defféchés. Ceux de Romorantin, Montluel, Châtillon font la même demande : l'intérêt même de l'agriculture le follicite. Cette ceffation fubite des produits, la continuation du paiement des impôts au même taux, pourroient avoir, dans ces pays & cantons, la plus funefte réaction fur les terres cultivées, les réduire à la plus affreufe misère, & détruire l'agriculture. Ce dégrèvement eft donc d'une juftice rigoureufe. Les corps adminiftratifs n'ofent pas l'ordonner officiellement; il faudroit, d'ailleurs, en faire le rejet fur les autres biens-fonds. Le paiement provifoire de l'impôt foncier ne fait qu'ajouter à ces premiers motifs de juftice. Cette confidération eft d'autant plus digne d'être foumife au comité & à la convention, que l'exploitation d'un nombre confidérable de fermes en dépend. Le propriétaire, qui avoit affujetti fon fermier ou métayer à payer les impôts, ne veut faire aucune diminution. Ceux-ci demandent, non-feulement une diminution d'impôts, mais encore une indemnité, ou la réfiliation des baux. Beaucoup même veulent & ont fignifié que, fans quelques étangs, qui leur font utiles, ils quitteroient. Cette collifion d'intérêts eft très-fâcheufe;

il importe de ramener l'état des chofes à un ordre fixe.

§. II.

Pertes de l'Agriculture , en ne mettant pas des étangs alternativement en eau & en culture.

Les produits particuliers dans une République, font inféparables du produit commun ; ils méritent une attention non moins férieufe, fous le rapport même de l'intérêt général de l'agriculture.

Dans les pays d'étangs, l'alternat de mife en eau & de culture, donnoit des récoltes abondantes, sûres & peu difpendieufes, & des produits auffi confidérables en poiffon , qui étoit porté dans les grandes villes, d'où il revenoit de l'argent, pour cultiver & fertilifer les terres des campagnes.

Nos terres, dit la commune de Péroufe, dans le diftrict de Montluel, ne produifent qu'à raifon du grain trois, & encore après trois & quatre ans de repos ; les frais de culture s'élevant au moins à 60 livres par arpent, le propriétaire ne peut retirer de produit réel de fes terres, fans fes étangs , fur le fol defquels les frais d'exploita-

tion font moindres des trois quarts, & pour lefquels auffi les années d'eau font la fource d'un
produit confidérable en poiffon. Détruifez nos
étangs , & tous ces avantages privés & généraux
vont difparoître.

D'autre part, dit encore cette commune, les
étangs nous offrent une reffource bien précieufe
pour la culture de l'avoine ; fans eux, il faudroit
renoncer à ce produit. Chacun fait que nos terres
ordinaires ne font nullement propres à l'avoine ;
que ce n'eft que dans les étangs qu'on la voit
profpérer , parce que le fol y a plus de profon-
deur. Ce genre de récolte a cependant bien des
avantages.

1°. « Continue-t-elle , elle fournit à la République une reffource confidérable , fur-tout pour
l'entretien de la cavalerie ; & jamais nos befoins
ne follicitèrent à cet égard de plus grandes reffources ».

2°. « Ce font tous les étangs du département
de l'Ain qui fourniffent au midi de la France
toute l'avoine dont ces contrées manqueroient
fouvent ».

3°. « Il eft conftant que deux récoltes en avoine
équivalent à une récolte en blé ; le produit du
poiffon rend , par conféquent, le produit réel de
l'étang

l'étang plus confidérable qu'il eût été dans les terres ordinaires ».

4°. « La paille d'avoine remplace avantageu-fement les fourrages, dont nous manquons ».

5°. « La culture d'avoine n'empêche pas celle du blé, le laboureur a le tems encore de prépa-rer & enfemencer ces terres en froment avant l'hiver : deux années peuvent donc lui procurer trois récoltes ».

De tels produits doivent certainement être compenfés par un bien grand intérêt, pour être facrifiés, fans les foumettre à un examen rigou-reux. L'exécution de la loi les fait connoître ; la commiffion remplit un devoir facré en les tranf-mettant au comité.

§. 12.

Apperçu fur la perte des produits par la vente du poiffon.

Le diftrict de Romorantin vendoit fes poiffons dans les villes de Blois, Orléans & Paris : il évalue ce revenu à plus de 600,000 livres. Les départemens de Seine & Marne, de la Marne, de la Haute-Marne, de partie de la Côte-d'Or, de l'Aube, de la Nièvre, de l'Allier, du Cher, de l'Yonne, du Loiret, où il y a beaucoup d'étangs, envoyoient leur poiffon à Paris. Ce commerce

G

feul, abftraction faite des reffources qu'il offroit à l'induftrie & à la navigation, fe montoit tous les ans à plus de deux millions.

Le feul diftrict de Saint-Fargeau, qui avoit environ 1200 arpens d'étangs, vendoit à Paris, année commune, 60,000 carpes, tanches & brochets, qui, à 20 fols feulement, faifoient une fomme de 60,000 liv.

Les grandes communes, fituées fur les canaux de navigation & rivières navigables, trouvoient, ainfi que Paris, une reffource utile dans ces poiffons de rivières, qu'elles regrettent d'autant plus, que ce vide n'a pas été réparé par les poiffons de mer, ou par une plus grande abondance de viande, que nous avons dû réferver pour tous nos braves défenfeurs. Ces motifs doivent être foumis à l'examen du comité & de la convention.

§. 13.

De la diminution des poiffons dans les rivières.

Il faut bien remarquer encore, que nos rivières, nos fleuves, n'étoient empoiffonnés, en grande partie, que par les effets des crues & par les pêches des étangs. Ceux qui connoiffent cette branche d'économie rurale, favent qu'il s'échappe des milliers innombrables de petits poiffons, à travers les grils, filets & paliffades des pêcheries, que le cours d'eau les entraîne dans les ruiffeaux & rivières, où ils prennent un accroiffement rapide.

Prefque tous les ans encore, les étangs débordent ou écument, dans ces cas, il fe fauve beaucoup de gros poiffons même, qui fourniffent les rivières. Il eft très-rare que les poiffons d'étangs, tels que la carpe & le brochet, puiffent frayer avec fuccès fur les bords des rivières; les étangs font donc les pépinières de ces poiffons, qui peuplent les eaux courantes, dans lefquelles les citoyens des cités & des campagnes, abftraction faite encore des revenus publics, trouvent des reffources, qu'on ne peut faire perdre, que par la compenfation d'un plus grand intérêt. Ces effets font peu fenfibles encore; mais il eft utile de les prévoir, & d'en inftruire ceux qui pourroient n'avoir pas prévu ces effets.

§. 14.

Demande de petits étangs pour alviner les grands.

Une étendue confidérable de terrein en étang a été réfervée, d'après la loi, foit pour les ufines de toute efpèce, foit pour la navigation des canaux. Le fervice de l'eau ne doit pas être le feul produit; on peut encore en faire un avec le poiffon.

Il faut, de toute néceffité, quelques petits étangs, pour le faire multiplier, & en *alviner* enfuite ceux qui ont été réfervés.

Sans ces étangs, difent les adminiftrateurs du diftrict d'Etain, département de la Meufe, les autres feroient en pure perte, pour beaucoup de propriétaires, qui ne le font pas des ufines.

Des fermiers d'étangs, dans le diftrict de Dieuze, demandent la réfiliation des baux, s'ils n'ont pas quelques petits étangs confervés pour alviner les grands.

A Châtillon - fur - Seine, département de la Côte-d'Or, un maître de forge réclame des petits étangs, appellés dans le pays *carpiers*, fans lefquels il ne peut payer fes prix de ferme, ni faire auffi les frais de defféchement, étant à la fin de fon bail.

Il eft certain que le poiffon ne fe multiplie que dans les petits étangs, dans lefquels il fraie plus fûrement, où on n'y met que des carpes *forcières*, & un petit nombre de mâles, & où on a grand foin de ne pas laiffer de brochets. L'expérience fur ces foins économiques, eft conftante. Une plus longue expofition devient inutile. Il feroit abufif de laiffer fans produit, en poiffon, une auffi vafte étendue d'eau réfervée par la loi pour les ufines.

§. 15.

Réclamations contre des étangs conservés par la loi.

Il y a eu auffi des réclamations contre la confervation d'étangs exceptés par la loi, fur lefquelles il importe de ftatuer.

A Châtillon-fur-Seine, département de la Côte-
d'Or, une commune prétend qu'un grand étang
réfervé pour un moulin, fait fouvent geler les
vignes & les blés. Dans le département de Lot
& Garonne, des communes fe plaignent de ce
qu'on a réfervé certains étangs pour des moulins,
dont les meûniers élèvent fans ceffe les eaux,
& forment ainfi des marais.

A Sarrebourg, département de la Meurthe,
une commune demande le defféchement d'un
étang de 1000 arpens : d'autres communes en
réclament la confervation, d'après la loi, pour
le fervice des moulins. Les adminiftrateurs ont
ordonné le defféchement. Les communes & propriétaires réclament contre cette décifion, auprès
du comité & de la convention.

Dans le diftriĉt de Chaumont, département de
la Haute-Marne, un infpeĉteur des forges, pour
la fabrication des boulets & obus, a foutenu que
deux étangs étoient dans le cas des exceptions
prévues par la loi : l'adminiftration de diftriĉt,

fur la demande des communes, en a ordonné le defféchement.

Des procédures criminelles ont été intentées à Bourganeuf, département de la Creufe; à Juffey, département de la Haute-Saône, pour des étangs, que les uns vouloient faire deffécher, & d'autres conferver, pour le fervice des moulins.

§. 16.

Etangs réclamés pour la défenfe des places fortes.

Il importe auffi de faire connoître quelques faits, qui, pour être ifolés & locaux, n'en font pas moins liés au gouvernement général de la République, fous des rapports plus ou moins immédiats.

A Dieuze, département de la Meurthe, les adminiftrateurs de diftrict & de département font d'avis de deffécher le grand étang de *l'Indre*, de 5264 arpens; les adminiftrateurs de département de la Mofelle font d'un avis contraire, parce que ces eaux vont tomber dans les foffés fortifiés de Metz.

L'adjoint du miniftre dé la guerre alors, étoit dè l'avis auffi de la confervation. La convention peut feule décider ou faire décider, fur un étang qui, par fa-pofition, tient à la défenfe d'une de nos places fortes.

Un autre étang eft réclamé pour fervir, en cas

de guerre, à faire des inondations dans le départe-
tement de la Meufe.

A la Fère, diftrict de Chauny, département
de l'Aifne, des ingénieurs militaires avoient ap-
prouvé un plan, tendant à conferver plufieurs
étangs, pour inonder, en cas de befoin; ce defféchement eft encore indécis.

§. 17.

*Variation & contradiction dans les décifions des
adminiftrations, fur l'exécution de la loi, &
obfervations contre le defféchement.*

Il devoit réfulter des difpofitions d'une loi, qui
a froiffé tant d'intérêts, qui a eu des effets contraires & exceffivement modifiés, en raifon des
localités, une exécution prefque auffi inégale.
Dans telle contrée, les citoyens, ou les adminiftrateurs ne confidérant que l'utilité, ou la néceffité
de certains étangs, en ont ordonné la confervation provifoire; & ils ont cru ainfi pouvoir fuf-
pendre l'exécution de la loi, parce qu'ils en réfé-
roient au comité. D'autres, voyant des dangers
dans des defféchemens & aucune utilité réelle,
ont fuivi la même marche. Ainfi les adminiftrateurs du diftrict de Tours ont confervé, d'après
un rapport de commiffaires, deux étangs, par

G 4

les motifs qu'ils font fujets à des inondations inévitables , & que le fonds eft incultivable.

Dans le département du Puy-de-Dôme, beaucoup d'étangs conſtruits dans les gorges des montagnes , retenoient l'impétuofité des eaux provenant des orages , de la fonte des neiges & des glaces : des vallées, précieuſes , (ainſi que dans beaucoup d'autres parties de la République), peuvent être inondées & enfablées.

A Saint - Dizier , département de la Haute-Marne, les adminiſtrateurs ont prononcé la confervation proviſoire de pluſieurs étangs; défendant, eſt-il dit, à tout citoyen, non propriétaire, d'attenter aux étangs : ils ont référé des motifs au comité.

A Troyes, département de l'Aube, les adminiſtrateurs du diſtrict ont cru bien faire , fans doute , en nommant des commiſſaires , pour examiner les étangs ; d'après le rapport, ils en ont confervé proviſoirement, & réduit ceux qui étoient néçeſſaires pour abreuver, à 15 , 20 ou 30 arpens. Ils ont fait payer les commiſſaires fur la recette des revenus nationaux. La même opération a eu lieu, à-peu-près, dans le diſtrict de Saint-Mihiel, département de la Meuſe; dans d'autres départemens, les adminiſtrateurs enviſageant leur reſponfabilité , d'après les loix du gouvernement révolutionnaire , & d'après la loi même , n'ont pas voulu prononcer fur les pétitions; mais ils en ont référé au comité d'agriculture.

Les adminiftrateurs du diftrict de la Flèche , département de la Sarthe , expofent que les eaux de plufieurs étangs ne peuvent préjudicier à la falubrité de l'air , étant fitués fur un terrein aride , que leurs eaux vivifient des landes & bruyères en les traverfant par des canaux & vont tomber dans la Sarthe , à la chûte defquels ils propofent la conftruction d'un moulin.

Les adminiftrateurs du diftrict de Laval, département de Mayenne & Loire , d'après un rapport d'experts , expofent, que le defféchement des étangs fera funefte , en ce qu'ils produifoient du poiffon , des herbes & du fourrage par les irrigations , & qu'ils ne donnent aucun remplacement.

Les adminiftrateurs du diftrict de Romorantin ont repréfenté , dès le 5 pluviôfe de l'an deuxième, que le defféchement exigé des étangs occafionneroit dans le malheureux pays de Sologne , la ruine des propriétaires , la diminution des impofitions & la fuite du cultivateur.

D'autres départemens expofent le manque de bras , ayant fourni , comme celui de la Meurthe , 14 bataillons pour nos armées.

Les adminiftrateurs du diftrict de Riberac ,

département de la Dordogne , expofent que le
fol de leurs étangs eft ingrat, fablonneux, fau-
vage ; qu'il exifte dans leur diftrict un canton
fpacieux , connu fous le nom de *Double*, couvert
de brouffailles ; & parfemé d'étangs , qu'ils font
pratiqués dans des vallons trop froids pour rien
produire, mais très-productifs en poiffon; que là
les habitations font très-rares , que communément les étangs appartiennent à de pauvres fans-
culottes, qui feroient ruinés, & qu'ils n'en font pas
incommodés ; que leurs étangs alimentent pendant l'année plufieurs petits ruiffeaux , où il y
a des moulins ; qu'il en réfulteroit une perte
immenfe pour la République; que d'ailleurs ils
refteroient en marais , faute de bras. On a vu
que par la force des circonftances locales , il étoit
refté un grand nombre d'étangs en eau & defféchés fans être enfemencés , d'après la loi, ils
devoient être confifqués au profit des non propriétaires des communes. La commiffion cependant n'a aucune connoiffance que des confifca-
tions aient été effectuées dans quelques communes.

A Saint-Dizier feulement , des citoyens ont
demandé le defféchement de quelques étangs;
l'adminiftration de diftrict a maintenu , par un
arrêté provifoire, les étangs en eau.

Dans un grand nombre de communes ; au

contraire , les propriétaires ont voulu deſſécher leurs étangs ; les communes s'y ſont oppoſées par le motif du beſoin des eaux.

A Noyon, les adminiſtrateurs atteſtent que pluſieurs propriétaires d'étangs ont offert le ſol deſſéché, à des citoyens non propriétaires , pour le cultiver pendant un certain nombre d'années; que perſonne n'a voulu accepter ces conditions. Ces offres ſont communes à la plus grande partie des départemens qui ont réclamé.

Il réſulte bien de tout ce qui vient d'être expoſé , que ſi des étangs ſont nuiſibles, il y en a auſſi qui ſont utiles; que cette différence pro- vient évidemment de la qualité plus ou moins marécageuſe. Cette idée n'a point échappé aux corps adminiſtratifs & aux citoyens qui ont ré- clamé des étangs. Tous ont demandé le deſſé- chement des étangs marécageux & des marais. Faites deſſécher , diſent les adminiſtrateurs de Metz , les marais de Scille , aux bords deſquels la fièvre & la langueur conſument les habitans, plutôt que l'étang de *l'Indre* , auprès duquel le village de Tarquinpol n'éprouve aucune maladie locale. Ainſi en Sologne, la cauſe la plus réelle des maux qui l'affligent , provient ſpécialement des milliers de petits marais & amas d'eau qui ſont formés dans les plaines ombragées par les

bruyères, par les débordemens des ruiffeaux &
rivières qui font encombrés par la vafe & par le
défaut de pentes. Ainfi dans la ci-devant Breffe,
le vafte marais des Echets fait plus de ravage
fur l'humanité, que tous les étangs du diftrict
de Montluel. Les habitans de dix communes, au
moins, dit l'agent de la commiffion qui a parcouru ce département, fitués autour de ce
cloaque, traînent une vie languiffante, font
accablés d'infirmités, très-fujets aux obftructions
& à l'hydropifie, rongés de fièvres les trois quarts
de l'année ; miférable exiftence qui fe termine
ordinairement dans la force de l'âge & qui fe
prolonge rarement au-delà de 50 ans. Par-tout,
les citoyens, les adminiftrations, les communes
demandent le defféchement des marais infects.
A Montargis, un marais touche aux murs de la
commune; il y caufe des maladies annuelles. Les
adminiftrateurs en réclament le defféchement.
A Sens, un de 10,000 arpens vient jufqu'aux
portes de la Cité : par-tout s'élève une voix
commune, pour repréfenter que des milliers
d'arpens incultes, offrent des reffources plus réelles,
plus durables à l'agriculture, tant par la culture
des plantes céréales que par les femis en bois.
Par-tout on appelle l'attention du gouvernement
fur ces étendues immenfes de terreins produc-

tibles, que les préjugés d'une culture mal-enten-
due & routinière laiffent, depuis des fiècles, en
vain parcours, fur des terreins immenfes envahis
ou poffédés par des ci-devant nobles, & dont
la nation eft devenue propriétaire, en grande partie, par leur émigration. Ces vaftes déferts
étoient, avant la révolution, l'attribut de leur
féodalité ; ils doivent enfin rentrer dans le domaine de l'agriculture.

C'eft fur de tels travaux que les citoyens &
corps adminiftratifs appellent l'attention & les
foins paternels de la convention.

Dès le 18 ventôfe de l'an deuxième, la commiffion des fubfiftances alors, expofa, par un
rapport, la plus grande partie des inconvéniens
que la commiffion retrace aujourd'hui, & la
néceffité d'y faire des modifications & exceptions.

Navigation des canaux & rivières.

Une puiffante confidération doit exciter l'attention des légiflateurs fur le deffléchement des
étangs : elle eft relative à la navigation intérieure,
par laquelle la France peut devenir la nation du
monde la plus riche, la plus forte, par fon agriculture, fon commerce & fa population. Ce motif
feul pourroit donner lieu à de grands dévelop-

pemens, que la commiffion réduira à quelques
réflexions fommaires & élémentaires, fous le
rapport des étangs.

Toutes les eaux vives & adventices fe rendent
par des pentes, dans les baffins des ruiffeaux,
rivières & fleuves. Qu'on examine la formation
de ceux-ci, on verra en remontant à leur fource,
des milliers d'amas d'eaux pluviales, de fources,
d'étangs pratiqués à la pente des bois, ou des
plaines, defquels il s'échappe continuellement plus
ou moins d'eau, qui alimente les ruiffeaux, qui
au moins rend un très-grand fervice, quand elle
ne feroit que d'en fournir affez pendant les féchereffes, pour imbiber le terrein finueux qu'elle
parcourt. A la première pluie, les retenues fe
rempliffent & l'excédent coule fans perte dans
les ruiffeaux. Qu'on deffèche ces étangs, qu'on
en rompe les chauffées, qu'on réduife tous ceux
réclamés pour des irrigations à un arpent, tous
les cours d'eau intermédiaires entre ces réfervoirs
& les ruiffeaux, reftent à fec. Les premières pluies
ne peuvent pas même faire arriver leurs eaux
aux ruiffeaux. Si elles font abondantes, fi elles
proviennent d'orages, elles fe rendent en torrens,
en 24 heures, à une diftance qu'elles n'auroient
parcourue lentement qu'en 24 jours, fi elles
avoient été retenues par des digues fucceffives.

Il ne fuffit pas de confidérer les fleuves majeftueux dans leur cours, près de leur embouchure; il faut encore les confidérer dans leur cours moyen, dans les rivières fecondaires, dans ces ruiffeaux, dans ces filets d'eau que la nature, ou l'induftrie de l'homme ont formés, & dont la multiplicité fait les rivières & les fleuves.

Voici un exemple frappant de ces effets, pris fur une rivière déjà groffie par le concours des ruiffeaux.

La rivière de l'Indre fait aller depuis plus d'un fiècle les forges d'Ardentes, près Châteauroux, département de l'Indre ; elles n'avoient jamais manqué d'eau. Cette année, le directeur a été obligé d'alterner le fervice pour attendre que les biefs fupérieurs fuffent pleins. Il attribue ce déficit à de vaftes étangs defféchés, dans les diftricts de Châteaumélian & de la Châtre. Il en demande le rétabliffement. Le repréfentant du peuple Ferry a chargé les agens de la commiffion dans ce département, de laiffer en eau, tous les étangs que les maîtres des forges réclameroient, afin qu'ils ne puffent alléguer aucuns prétextes de retards dans la confection des canons & boulets qu'ils avoient entrepris.

Dans le diftrict de Bourges, deux vaftes étangs peuvent fervir à ouvrir une communication intérieure très-importante, l'un au *fud* porte fes eaux à Bourges, forme une petite rivière par des fources qui font au-deffus ; l'autre au *nord*, porte fes eaux *dans la Loire*. Il n'exifte qu'un quart de lieue entre ces deux réfervoirs : deux éclufes fuffiroient pour joindre les eaux, & former, fans dépenfer peut-être un million, un canal, qui conduiroit de la Loire au-deffus de la Charité, par Bourges, Vierzon, Saint-Aignan, Amboife & Tours, les charbons-de-terre, les bois de marine, les fers & les chanvres des ci-devant Berry & Auvergne, fans avoir à craindre les grandes crues, ou les baffes eaux de la Loire, dont la navigation eft fi dangereufe. Ce projet a déjà été rappellé à la commiffion ; fon exécution a été reconnue poffible par le citoyen Guillaume, ingénieur, qui jouit de la confiance du gouvernement. L'agent envoyé pour le deffé-chement des étangs, a inftruit, dans le tems, la commiffion que les autorités conftituées l'avoient expreffément chargé de lui en référer.

Les adminiftrateurs du diftrict de Sémur aver-tiffent que le defféchement des étangs nuira beaucoup aux ruiffeaux flottables pour la pro-vifion de Paris.

Les canaux de Briare, de la Côte-d'Or & de l'Yonne fouffriront des interruptions fâcheufes, fi

tous

tous les étangs qui y dérivent font defféchés ;
car il faut remarquer que fi la loi a réfervé les
étangs pour les canaux & les flottages, elle n'a
compris que ceux qui leur étoient immédiatement
affectés, tandis que des étangs ifolés, éloignés,
non affujettis à ce fervice public, ont été defféchés, quoiqu'ils portaffent leurs eaux dans les
réfervoirs des points de partage ou de diftribution.
Le canal de Briare particulièrement eft alimenté
par deux grands étangs, dont le cours d'eau
commence la rivière de Loing jufqu'à la commune de Saint-Privé, où fe font jettés déjà plufieurs ruiffeaux venant d'étangs qui ne font pas
affujettis au fervice du canal.

A Saint-Privé, la rivière de Loing eft *déverfée*
toute entière dans une rigole qui longe tous les
côteaux par des replis & des finuofités multipliés. Cet ouvrage eft admirable, c'eft par lui
que la navigation eft entretenue par les eaux
qu'il donne à l'étang de diftribution, au-deffus
des fept éclufes de Rogny. Il étonne même les
gens de l'art, quand ils voient que les eaux de
la même rivière coulent au-deffus & au-deffous
d'une montagne qui a plus de 300 pieds.

Des fontaines abondantes & l'excédent des
eaux de la rivière, pendant les crues, continuent
la rivière de Loing dans fon lit naturel, depuis

H

Saint-Privé & Bleneau jufqu'à Rogny, où les
eaux prifes à Saint-Privé, par le canal nourricier,
fe réuniffent & forment le canal de Briare.

Il y a trois petites lieues de Saint-Privé à Rogny,
par la route ; le canal nourricier en parcourt
fix & demie.

Un grand nombre d'étangs fur le côté oppofé,
fourniffoient des eaux à la rivière de Loing,
qui, à Rogny, fuffifoit à tous les befoins de la
navigation. Cette année on a été obligé de mettre
en coule, un feul étang réfervé d'après la loi,
pour faire partir du port de Rogny feize char-
bonnières. La rivière de Loing, en grande partie, eft alimentée par les étangs. Il eft à craindre
que le canal en fouffre beaucoup.

Le canal de la Côte-d'Or, Yonne, dit de
Bourgogne, ne peut avoir une navigation fou-
tenue, avec le fecours feul de l'Armançon ; il
faut abfolument des eaux de réferve dans plufieurs points, pour fuppléer à la baiffe des eaux
de la rivière. Il y a peu d'étangs dans cette partie ; ce qui rend encore plus néceffaire ceux qui
exiftent.

Comme ce canal n'eft pas encore en état d'activité, on n'a pas pu juger de tous fes befoins
d'eau. Il a coûté des fommes immenfes ; on n'y
travaille plus depuis trois ans ; avec 300,000 liv.

cependant, on pourroit le rendre navigable au moins depuis Tonnerre.

L'agriculture souffre beaucoup de ces retards, par l'emploi excessif de tous les chevaux des districts de Tonnerre, Saint-Florentin, à voiturer les vins, tandis qu'ils pourroient être mieux employés au labourage.

Le commerce, la marine, l'approvisionnement de Paris sollicitent également cet achèvement de travaux, dont la suspension détériore ceux déjà faits, & augmente les atterrissemens des berges.

Puisse cette observation être prise en considération par le comité, pour faire exécuter les travaux.

Combien de rivières qu'il seroit possible de rendre navigables, en combinant les retenues supérieures avec le service de la navigation, en rétrécissant les lits & en multipliant les écluses!

Combien d'autres qui font navigables, & qui cesseront de l'être dans les parties hautes! Si on jette un coup-d'œil sur la carte de Cassini, on verra des milliers de ruisseaux qui n'existent que par des étangs, situés, en grande partie, dans les bois, & qui resteront à sec pendant les sécheresses de l'été, tems où la navigation est plus nécessaire.

Enfin, en conservant seulement les eaux utiles de la Sologne & de la Bresse, en les dirigeant vers un bassin commun, on peut faire des canaux

H 2

de navigation qui deffécheroient ces malheureuſes contrées, les rendroient à l'agriculture, au commerce & à un air ſalubre. Ce projet qui ne ſeroit ni difficile, ni diſpendieux, doit être réaliſé ſous un gouvernement républicain. Les motifs les plus ſacrés le commandent (1).

(1) Les pays les plus riches par l'agriculture et le commerce, ont beaucoup de canaux de navigation ; ils ont rendu navigables toutes les rivières qui étoient ſuſceptibles de l'être ; ils ont par-tout fait des routes et rendu praticables les chemins publics. Cet exemple est un précepte politique que nous n'avons encore qu'apperçu, il faut le réaliser dans toutes les parties de la République : aucun état dans l'Europe n'offre plus de rivières navigables, ou ſuſceptibles de l'être ; une centaine de moulins de moins, et nous aurons au moins quinze rivières navigables par cette ſeule opération : de vastes réſervoirs ſalubres d'ailleurs offrent des moyens pour ouvrir des canaux dans des pays qui ne ſont malheureux que parce qu'il n'y a aucune eſpèce de communication ; il est donc ſage autant que politique de ne pas les détruire, avant que le gouvernement ſe ſoit expliqué ſur leur inutilité pour la navigation intérieure.

L'ancien gouvernement ne s'est jamais occupé de canaux, que quand ils opéroient principalement la réunion entre les mers ou les fleuves, quand ils préſentoient de grandes difficultés à vaincre ou des prodiges de l'art à ostenter.

Mais dans un gouvernement républicain, les moyens

La commiffion n'a confidéré jufqu'ici les étangs que fous des rapports ifolés, & locaux ; elle n'a été en quelque forte que l'organe des obfervations qui lui ont été tranfmifes par les autorités conftituées, par des citoyens pétitionnaires, par des agens qu'elle a envoyés dans quelques départemens. Elle doit encore les confidérer fous les rapports phyfiques généraux, & tâcher de faire connoître l'influence qu'ils peuvent avoir fur le règne végétal & fur l'agriculture.

Il eft dans l'ordre de la nature, dans toutes difpofitions de la configuration terreftre, qu'il y ait des étangs, c'eft-à-dire, des réceptacles, des amas d'eau, en lacs ou en marais, comme il eft auffi dans ce même ordre qu'il y ait des fleuves, des rivières, des ruiffeaux, des fources & des filtrations ; les uns & les autres tiennent à l'organifation générale du globe.

A mefure que l'homme a eu befoin d'agrandir le domaine de l'agriculture, qu'il a pu, par fes

---

de profpérité doivent être employés par-tout où la nature ou l'art en donnent la poffibilité.

Imitons ce peuple antique, célèbre par fon agriculture, les Chinois ; fi le canal qu'ils entreprennent n'a que peu d'eau, ils le font plus étroit, ils réduifent leurs bateaux plats en flûtes, et ils fertilifent ainfi tous les points de leur vafte empire.

H 3

obfervations & par fon induftrie, reconnoître le fol le plus fertile, juger de l'air le plus falubre, il a défriché les forêts, il a enfuite defféché des marais, auprès defquels il ne pouvoit jouir du plus grand bienfait de la nature, (de la fanté).

Dans les contrées applaties & arides, il a con-fervé ou créé des réfervoirs, qu'il a fait remplir par les eaux de pluies; dans les contrées qui fe-roient reftées marécageufes, il a multiplié des retenues, ou pratiqué des étangs dans une partie pour fauver la culture de l'autre.

Dans les pays que la nature avoit abaiffés, fans donner une pente, il a réparé le défordre des cataftrophes du globe, en perçant des mon-tagnes, en creufant des canaux pour donner un écoulement, & jouir du fol defféché par la cul-ture des plantes. En d'autres endroits, ne pou-vant vaincre les obftacles que la nature oppofoit au defféchement, foit par des fources, foit par des fonds mouvans, devenu plus induftrieux, il a préféré, pour détruire les exhalaifons pefti-lentielles, d'y accroître le volume de l'eau : il s'en eft rendu maître, en conftruifant des chauf-fées fucceffives, il les a utilifés en faifant des ufines, ou pratiquant des irrigations. Il y a fait croître du poiffon, pour augmenter les reffources de fa fubfiftance.

Le nombre de ces réfervoirs artificiels, de ces conquêtes de l'homme fur la bifarrerie des localités, a dû fuivre la progreffion même de fon induftrie en agriculture ; il a dû augmenter également en raifon de la population & des tems, où ceffant de vivre en peuplades, les habitations particulières fe font plus multipliées, & où les actes de propriété font devenus la bafe de la fociété commune. Car il faut bien remarquer que les premiers foins de l'homme, dans la plus haute antiquité, & dans les divers âges, ont toujours été d'établir fon habitation près des eaux, d'en créer même, fi on peut s'exprimer ainfi, quand le lieu qu'il vouloit habiter, n'en offroit pas à fes befoins.

Tous ces réfervoirs, foit qu'ils aient été formés par la nature même, foit qu'ils l'aient été par l'ouvrage de l'homme, ont une influence active & proportionnée fur l'air atmofphérique, lequel auffi en a une bien fenfible fur la végétation. Les végétaux, dans leur ordre, en ont une fur les rofées, les brouillards ; & ceux-ci, par un retour ordonné par l'auteur même de la nature, forment & alimentent les étangs, les lacs, les marais & les fources, les rivières & les fleuves. Telle eft la chaîne qui lie tout ce qui eft dans la nature ; tels font les effets dont les naturalistes, les plus célèbres agriculteurs recomman[...]t le maintien dans un juste équilibre, à tous les gouvernemens. En est-il à qui ils doivent être plus sacrés, qu'au gouvernement républicain, que la nature & la raison indiquent à l'homme, & qui embrasse, avec une égale follicitude, le bonheur préfent comme celui des générations futures?

Ce soin, il n'est que trop vrai, n'occupe jamais les gouvernemens tyranniques, pour lesquels le terme préfumé de la vie des tyrans & de leurs suppôts, est aussi celui de toute leur prévoyance politique. Les déferts brûlans de l'Asie, de cette Grèce, vers laquelle le philofophe & l'agriculteur reportent toujours leur efprit avec fatisfaction, jouiroient encore d'une heureufe température, si la tyrannie & l'ignorance la plus barbare, qui en est inféparable, n'en avoient pas fait difparoître les bois & les eaux.

Les grands changemens arrivés dans ces contrées lointaines, dans l'Italie, ceux même que nous obfervons fur le fol de notre patrie, impofent le devoir rigoureux à ceux qui font partie du gouvernement, de prévenir la repréfentation nationale fur des effets qui tendent à diminuer les principes de la fertilité du fol entier, d'une contrée, d'un canton ou d'une commune même;

les étangs vus en maffe , paroiffent avoir une telle influence.

Il exiftoit en France pendant le règne le plus abfolu des moines & des prêtres, plus d'un million d'arpens en étangs. La ferveur de la fecte chré- tienne , pour laquelle le poiffon étoit devenu un befoin , & la cupidité , en auroient encore aug- menté le nombre , fi la force de la raifon n'avoit enfin éclairé le Français fur l'impofture des papes & leurs chefs de fectes , & ramené les hommes à l'agriculture & au commerce : peu-à-peu on a defféché les étangs , dont le fonds étoit fertile , & que l'on pouvoit maintenir dans cet état , parce qu'on n'a pas balancé à préférer *vingt arpens de bons prés à vingt arpens d'eau*, prefque par-tout où les localités l'ont permis, ou indiqué , l'intérêt feul eft l'argument & la preuve de cette amélioration fucceffive.

Une quantité prodigieufe d'étangs encore a difparu, depuis que dans plufieurs contrées, on a eu plus d'intérêt à vendre le bois pour les foyers & les charpentes , qu'à le confommer à des ufines à fer & à verre , depuis que les ca- naux de navigation ont offert des débouchés aux grandes cités, dans lefquelles la confommation a été auffi exceffive que l'abattis des forêts dans les contrées qui pouvoient leur en fournir. On voit

dans la plus grande partie des départemens, fur-
tout dans ceux du centre , des réfidus & des
fcories de forges. Les ateliers , les fouilles de
mine , les étangs ont été abandonnés auffi-tôt
qu'un plus grand intérêt s'eft offert aux propriétaires de bois; quoique alors les étangs fuffent
plus nombreux , quoique notre fol fût couvert
d'immenfes forêts & de bois multipliés , l'air y
étoit cependant falubre; la terre y étoit fertile.
Des cantons entiers, jadis cultivés , fur-tout des
pays de montagnes , n'offrent plus , en beaucoup d'endroits , que des rochers nuds.

D'après tous les renfeignemens que peuvent
donner les cartes anciennes , particulièrement
celle de Caffini; les réclamations des départemens , les quantités connues dans le pays où il
y a le plus d'étangs , la commiffion préfume
qu'à l'époque de la loi du 14 frimaire , il pouvoit
y avoir tant en étangs pour ufines, canaux, défenfe publique que pour les befoins de l'agriculture, environ 300 mille arpens; la loi peut en
avoir réfervé environ 80 mille , dont le defféchement eft effe&ué ou doit l'être d'après les difpofitions formelles de la loi.

Une telle furface ne peut pas être indifférente
dans l'ordre des chofes de l'atmofphère , des
rivières, des fources, des irrigations & de la vé-

gétation en général : il ne faut pas la confidérer
feulement fous le rapport d'une quantité une fois
donnée, mais encore d'après le renouvellement
périodique & fucceffif des pluies, qui rendent à
ces réfervoirs ce qu'ils perdent par l'évaporation.
Les effets du vent peuvent auffi renouveller fans
ceffe les eaux & en agrandir la furface. Auffi
voyons-nous dans les contrées découvertes, arides
& inhabitées, que l'atmofphère y eft sèche,
parce qu'elle ne contient que des nuages légers,
que le vent roule dans les régions fupérieures;
les arbres fouffrent, les plantes fe defsèchent
& périffent; la terre laiffe échapper le peu d'humidité qu'elle pouvoit contenir.

Ce ne peut donc être un doute pour tout
homme inftruit, que tous les climats dont l'atmofphère fe charge le plus par les évaporations,
font auffi ceux où l'humidité de la terre entre-
tient ces rofées bienfaifantes, que la fraîcheur
des nuits fait retomber fur tous les végétaux.

Il n'eft que trop réel que le fol & les divers
climats de la France ont bien changé depuis deux
fiècles, par la dévaftation des forêts, par la dégra-
dation du fol des montagnes, qui formoient, avant,
de grands abris aux contrées inférieures; les dé-
frichemens exceffifs ou inconfidérés, ont opéré
encore des changemens, fur les degrés de cha-

leur ou de froid. Nous en fommes au point
même dans les départemens du centre & du
nord, qu'il ne faut plus fouffrir aucun excès arbitraire dans la deftruction des bois.

Les pluies d'hiver ne fuffifent pas pour fournir
à tous les réfervoirs vifibles & occultes de la
nature ; elle a affigné deux effets bien diftincts
aux pluies d'hiver & aux pluies d'été. Par les
premières , elle rend à la terre tout l'humide
qu'elle a perdu par l'évaporation pendant les
chaleurs de la belle faifon. Les grands végétaux
dont les racines font profondes & largement
ramifiées , ont befoin de cette grande quantité
d'eau pour retrouver dans les entrailles de la
terre , les fucs, les principes ou fels qui doivent
au printems , réveiller leur fommeil & les rappeller à la vie active : l'excédent de leur befoin fe
rend dans les réfervoirs qui alimentent les fources.

Par les fecondes, elle rétablit l'équilibre du
mouvement de la sève que les chaleurs peuvent
avoir plus ou moins altéré , les feuilles des
plantes herbacées fur-tout, ont befoin de ces
effets ; les arbres abforbent auffi par leurs feuilles,
leurs tiges & leur écorce même l'humidité qui
s'élève de la terre.

Combien donc les étangs difféminés fur tant
de points du fol , dont l'exiftence en général y

suppofe l'éloignement des eaux vives, pourroient caufer de dommages à l'agriculture par leur deffléchement?

Combien de lieux perdroient de leur fertilité, par la difparution des eaux de fource, de filtration, par les irrigations & par la difparution de leurs eaux?

Combien de végétaux encore, qui croiffoient & profpéroient, à la proximité de ces réfervoirs, & qui languiroient, s'ils en étoient privés?

Quel contrafte offre à la vue, dans ces contrées, l'état des végétaux, éloignés des rivières, des fources, & de toute retenue d'eau, comparé à celui des plantes, ou arbres qui ont leurs feuilles rafraîchies ou humectées par le voifinage des eaux? N'eft-ce pas au bord des ruiffeaux, des fontaines, qu'on contemple avec admiration les moiffons les plus abondantes, & les arbres les plus vigoureux? N'eft-ce pas autant par une température humide que par la profondeur du fol végétal, que les départemens du nord & du centre font plus fertiles que les régions du midi? N'eft-ce pas par l'effet de cette même température, que les arbres de nos forêts du nord ont une végétation plus hardie, plus volumineufe que ceux des forêts de l'Yonne, de la Côte-d'Or & du Cher, & que ces derniers départemens en produifent qui font fupérieurs en qualité & en volume à ceux des départemens du Gard, du Lot & de l'Aveyron ?

Toute opération politique rurale qui tendra à multiplier les bois, à conferver les eaux, tendra inconteftablement au maintien de la profpérité publique. Les eaux d'étangs (qui ne font pas marécageux), font évidemment liées aux caufes qui maintiennent & augmentent les principes de la fertilité.

Les départemens inftruifent que des defféche-mens d'étangs ont fait tarir cette année des ri-vières : tel eft l'étang de Pouligny, dans le dépar-tement du Cher, qu'il eft impoffible de deffécher & mettre en état de culture, fans dépenfer vingt fois au-delà de la valeur du fonds : il alimentoit la petite rivière de l'Yevrette.

Les adminiftrateurs du diftrict de Riberac, ceux du département de l'Aube, font les mêmes réclamations. Combien de fources font difparues & difparoîtroient encore, fi tous les étangs étoient rigoureufement defféchés ? Et cependant la perte d'une feule fource, dans un état agricole, eft une forte de malheur public pour le lieu qui l'éprouve.

D'après toutes ces confidérations, qu'il faut enfin réfumer, il femble certain qu'il n'eft pas plus poffible de deffécher & d'enfemencer tous les étangs de la République, en grains ou plantes propres à la subfiftance de l'homme, que de cultiver & enfemencer en mêmes grains, toutes les terres vaines & vagues.

La différence des climats & des fites, la prodigieufe variété des terreins de la République & des localités, ont dû néceffairement multiplier des obftacles & des réclamations contre l'uniformité de l'exécution de la loi. Il importe à l'agriculture, à la profpérité publique, aux principes même de la légiflation, de faire ceffer cette exceffive divergence, & de ramener les difpofitions de la loi à une telle exécution, que par-tout elle foit fuivie & falutaire.

La *falubrité de l'air* & les *progrès de l'agriculture*, font les deux motifs effentiels de la loi, fur le deffechement des étangs.

Le premier doit être maintenu & furveillé par le gouvernement, qui veille pour tous au bien le plus précieux de la vie. Il doit éclairer les hommes reftés ignorans, punir ou prévenir la cupidité de ceux qui calculeroient leur fortune privée par le malheur des autres. Ainfi tous les étangs marécageux & nuifibles à la fanté des hommes, quel qu'en foit l'emploi, doivent être deffechés & rendus à la culture.

Quant aux étangs qui ne font pas maréca-

geux, dont le defféchement n'éft ordonné que
fous le rapport des progrès de l'agriculture, les
principes du gouvernement républicain portent à
penfer qu'il vaudroit mieux en laiffer l'exploitation
à l'entière liberté des propriétaires ou fermiers.

La liberté des propriétés eft auffi néceffaire à
la profpérité d'une république agricole, que la
liberté même des citoyens ; l'une fortifie l'autre.
Le fort de tels étangs, dont l'exiftence, les befoins,
les reffources, font fi diverfement modifiés, &
d'ailleurs, fi généralement réclamés, pourroit
donc être laiffé à l'intérêt, à l'induftrie, à cet
efprit public qui n'a plus à redouter l'op-
preffion tyrannique des nobles & des prêtres,
ni le luxe féodal des étangs ; à cet efprit public
qui dirigera toujours de plus en plus les actions
des hommes vers le bien commun.

Les circonftances même de la révolution
femblent juftifier ce principe de gouvernement.
L'appel des citoyens à la défenfe de la patrie a
ôté des bras exercés aux travaux des champs ;
les travaux ordinaires des enfemencemens & des
moiffons fur les terres cultivées ont befoin de
tous ceux qui exiftent. D'autres travaux publics,
plus preffés, plus importans, font indiqués &
réclamés de toutes parts ; tels que les defféchemens de plufieurs marais, dont les moyens font

faciles

faciles & peu difpendieux ; les réparations des canaux exiftans, & l'achèvement de ceux commencés ou près d'être finis, les travaux urgens à faire pour réparer & prévenir les ravages des inondations dans les plaines les plus fertiles des départemens méridionaux.

Il feroit encore imprudent d'affujettir au defféchement, des étangs qu'on ne pourroit pas de fuite cultiver & enfemencer : les caufes qui en ont fait refter en eau un fi grand nombre pendant l'année dernière, font encore exiftantes.

La légiflation ne pouvant donc ftatuer fur toutes les réclamations & modifications qu'a néceffité la différence exceffive des terreins, des ufages & des droits, il femble que l'application de la loi pourroit être attribuée aux corps adminiftratifs, qui en connoiffant bien les motifs, ne manqueroient pas d'en bien diriger l'exécution.

L'unanimité des décifions de la part des autorités conftituées, prifes fur des rapports d'experts éclairés, fuffiroit pour défigner les étangs marécageux, mal-faifans, indiquer les époques, le mode de defféchement, & de mife en culture ; le diffentiment des avis entre les corps conftitués, feroit terminé par la commiffion d'agriculture.

La Commiffion, enfin, propofe d'envoyer aux départemens une inftruction, d'après laquelle

I

les citoyens, les corps adminiftratifs pourroient diriger leurs travaux, en conciliant l'intérêt général fous le rapport de la falubrité, & les intérêts privés, fous le rapport des progrès de l'agriculture.

Ce 5 Nivôfe de l'an 3ᵉ. de la République Françaife, une & indivisible. *Signé*, les commissaires BERTHOLLET & L'HÉRITIER, TISSOT, adjoint *par interim*.

OBSERVATIONS.

La Commission a cru devoir donner un tableau approximatif de tous les étangs: le tableau des quotités connues lui a été transmis par les agens qu'elle a envoyés et par les corps administratifs; il a beaucoup servi pour former le second, en comparant sur la grande carte de Cassini les points figurés des étangs connus avec ceux des étangs inconnus; le nombre de tous les étangs une fois déterminé, on a pris trois moyennes proportionnelles en raison de la différence de grandeur des points géométriques : des épreuves multipliées ont justifié l'évaluation approximative donnée.

Le tableau seul des étangs connus, prouve que le nombre n'en est pas aussi considérable qu'on l'avoit cru, et que le besoin pour l'agriculture et la navigation en faisoit conserver le plus grand nombre.

Le nombre des étangs salés au contraire *est immense* sur les plages de la Méditerranée ; leur desséchement offre de grandes ressources à ces contrées, pour la culture, les salines et la soude. Combien de produits négligés !

TABLEAU approximatif du nombre et de l'étendue des étangs dans la République, à l'époque de la loi du 14 Frimaire de l'an deuxième.

QUOTITÉS CONNUES.				QUOTITÉS PRÉSUMÉES D'APRÈS LA CARTE DE CASSINI.					
NOMS DES DÉPARTEMENS.	NOMBRE DES ÉTANGS.	NOMBRE DES ARPENS qu'ils contiennent.	OBSERVATIONS.	NOMS DES DÉPARTEMENS.	NOMBRE DES ÉTANGS.	NOMBRE DES ARPENS.	NOMS DES DÉPARTEMENS.	NOMBRE DES ÉTANGS.	NOMBRE DES ARPENS.
Ain (Bresse).	1567	26,164		Nord.	36	1800	de l'autre part. .	2805	100,190
Loiret, Sologne.	2150	17,940	Partie sert au canal d'Orléans.	Pas-de-Calais.	10	110	Indre et Loire.	255	2400
Loir et Cher.				Somme.	7	1100	Nievre.	160	4800
Indre (Bresse).	511	35,416		Seine Inférieure.	4	60	Allier.	120	7000
Aube.	204	5986		Calvados.	27	1500	Rhône et Loire.	100	1400
Seine et Marne.	114	5388	Au flottage.	Manche.	80	3300	Puy-de-Dôme.	750	6600
Côte-d'Or.	509	6090		Orne.	240	7700	Cantal.	220	4100
Saône et Loire.	1841	9510		Eure.	36	2700	Corrèze.	22	1100
Jura.	585	1815		Oise.	50	1100	Creuse.	117	4800
Vosges.	294	3591		Seine et Oise.	28	560	Charente.	96	7500
Meurthe.	101	6617		Aisne.	54	5800	Charente Inférieure.	108	1100
Moselle.	289	3518		Ardennes.	44	1910	Aveiron.	11	1700
Loire Inférieure.	588	11,468		Marne.	270	9500	Gers.	1	160
Eure et Loire.	94	3288		Haute-Marne.	75	2500	Landes.	26	1800
Haute-Vienne.	257	8810		Meuse.	200	6500	Arriège.	70	1600
Cher.	65	4700		Bas-Rhin.	60	2800	Haute-Loire.	728	5000
Yonne.	514	6960	Partie sert au canal de Briare et au flottage.	Haut-Rhin.	40	2100	Herault.	28	2100
Dordogne.	74	4517		Haute-Saône.	460	8000	Pyrénées Orientales.	5	1100
				Doubs.	17	1200	Tarn.	22	1500
				Sarthe.	110	1100	Lozère.	3	40
				Mayenne.	175	5000	Lozère.	2	60
				Ille et Vilaine.	50	4500	Isère.	27	1800
				Côtes du Nord.	11	1600	Basses-Alpes.	1	70
18 départemens. .	8,927	154,000		Finistère.	9	550	Aude.	7	2070
				Morbihan.	15	2450	Bouches du Rhône.	12	800
				Maine et Loire.	310	8500			
Quotités connues du nombre des étangs		8927		Vendée.	250	8000			
Quotités présumées d'après la carte de Cassini		5248		Deux-Sèvres.	90	1800	52 départemens . .	5248	174,220
TOTAL GÉNÉRAL des étangs connus et présumés. . . .		14,175			2805	100,190	TOTAL des quotités d'arpens connues		154,000
							TOTAL GÉNÉRAL des quotités d'arpens connues et présumées		808,220

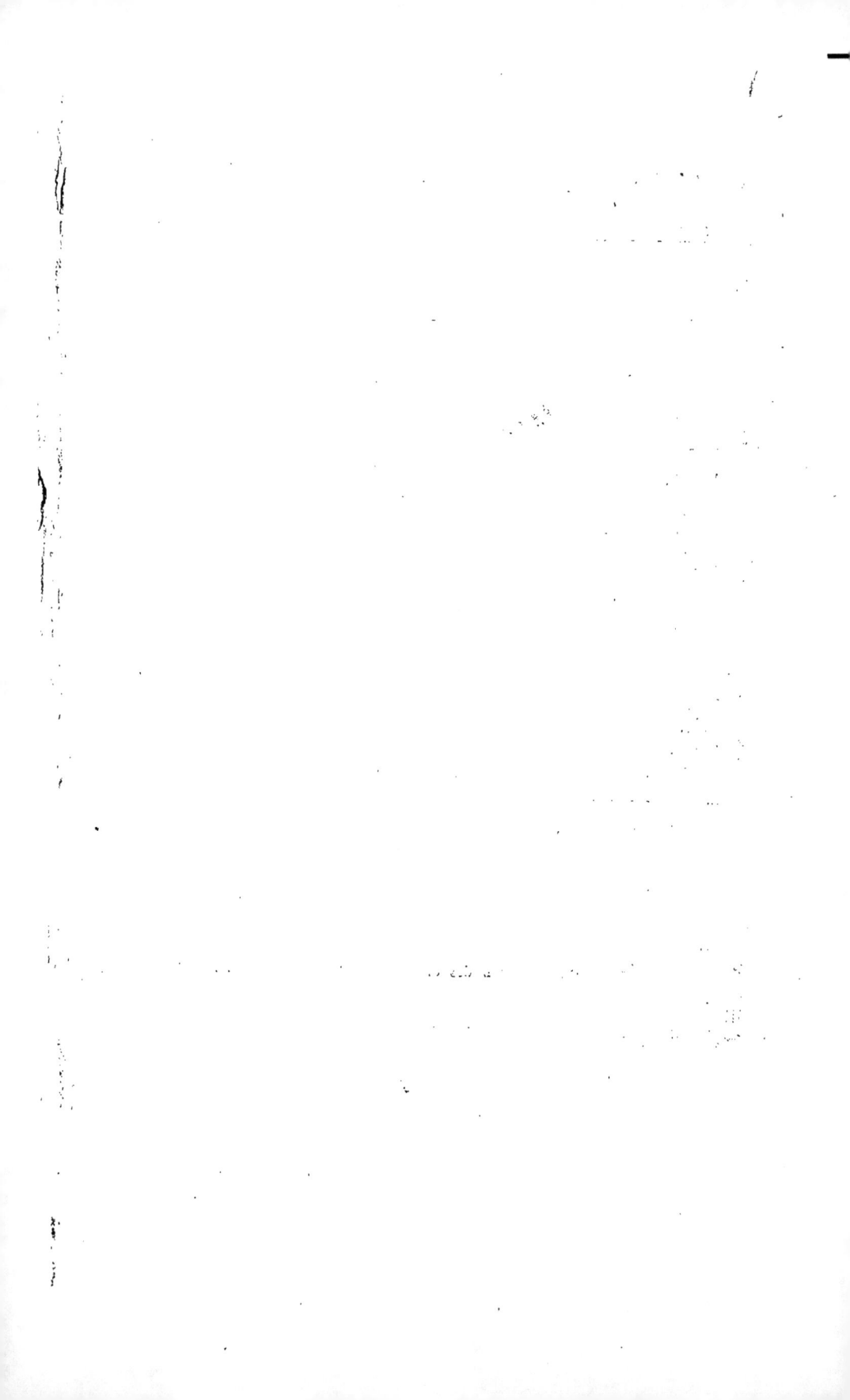

INDICATION

Des objets traités dans le Rapport
général fur les Etangs.

---

(133)

A PARIS,

De l'Imprimerie de la Feuille du Cultivateur;
rue des Foffés-Victor, n°. 12. An IIIe.

www.ingramcontent.com/pod-product-compliance
Lightning Source LLC
Chambersburg PA
CBHW071813090426
42737CB00012B/2067